Controller-Praxis I

W0012151

Controller-Praxis I

CONTROLLING POCKETS 1

ALBRECHT DEYHLE
MARTIN HAUSER

Controller-Praxis

*Führung durch Ziele, Planung
und Controlling*

BAND I

Unternehmensplanung,
Rechnungswesen
und Controllerfunktion

*Herausgegeben von
Controller Akademie AG
Gauting/München*

17. korrigierte Auflage

VERLAG FÜR CONTROLLINGWISSEN AG
Freiburg und Wörthsee

CONTROLLER-PRAXIS umfasst 2 Bände:

I. Unternehmensplanung, Rechnungswesen und Controllerfunktion
   (1. bis 7. Kapitel)

II. Soll-Ist-Vergleich, Erwartungsrechnung und Führungsstil
    (8. bis 12. Kapitel)

17. korrigierte Auflage 2010
Band I

ISBN 978-3-7775-0037-9

©2010 VCW Verlag für ControllingWissen AG
1. Auflage gedruckt 1971
Hindenburgstraße 64, 79102 Freiburg i. Br.
Münchner Straße 10, 82237 Wörthsee-Etterschlag

Gestaltung und Satz:
deyhledesign Werbeagentur GmbH, Gauting
Druck: freiburger graphische betriebe, Freiburg
Printed in Germany 2010

Inhaltsverzeichnis

Vorwort zur 17. Auflage (2010)   Seite 8

Vorwort zur 1. Auflage (1971)   Seite 10

1. Kapitel   Seite 13

Leitbild und Zielsetzung der Unternehmung

Kerndefinition für die Controller-Aufgabe/Formulierung des Leitbildes der Unternehmung/Wachstum, Entwicklung und Gewinn im Gleichschritt fördern/Ziele müssen konkret definiert und erreichbar sein/Zielsetzungs-Kennzahlen/Gewinn-Bedarfs-Budget

2. Kapitel   Seite 27

Die Struktur der Gewinn-Zielsetzung

Abgrenzung zwischen Gewinnplanung und Finanzplanung/Planung des Zusammenhangs zwischen Umsatz, Kosten und Gewinn/Modell zur Kalkulation der Produktkosten/Fallbeispiele für die Abwägung zwischen Produkt- und Strukturkosten (Grenz- und Fixkosten)/Drei Kostenbegriffspaare, simultan existierend/Controller's Kostenwürfel/»Verkauf« der Gewinnzielsetzung im Break-Even-Diagramm/Etappen-Ziele bei der Gewinnzielsetzung/»Return on Investment« und »Cash Flow«/Wichtige Begriffe zur Planung der Gewinnstruktur.

3. Kapitel   Seite 61

Unternehmensmodell »Getränkestand«

Das Geschäftsmodell/Die Technik von Getränkestand und Produkten/Die Verkaufs- und Einstandspreise/Das Ergebnis des ersten Tages/Profit Improvement Program/Nachbar Controller berät/Wenn aber vor dem Getränkestand eine Warteschlange steht …/Forcieren des Bierabsatzes durch Werbung/Alternativen bei Verkaufspreisen und Stückzahlen/Manager und Controller im Team/Management Accounting – Grundgesetz (Anwendung für Entscheidungen und Ziele).

4. Kapitel   Seite 79

Organisation nach Profit Center

Prinzipien dezentraler Ergebnissteuerung/Merkmale und Abgrezung von Profit Centern/Schema der Profit Center Erfolgsrecnung/ Anmerkungen zu den Umlagen – Das »Dättele-Prinzip«/Profit Center und Division/Prinzip der Sparten-Organisation/Voraussetzungen und Grenzfälle bei der Einführung einer Spartenorganisation/ Business Case I: Medizintechnisches Unternehmen Dental AG/ Verrechnungspreise/Profit Center Typen und Erfolgsrechnungen/ Business Case II: Center GmbH.

5. Kapitel   Seite 121

Fallstudie zur Unternehmensplanung
– Plastikfabrik Lamina AG –

Situation/Budgetsitzung/Wie man bei der Lösung der Fallstudie vorgeht/Planung und Festlegung neuer Strategien und Maßnahmen/ Wer entscheidet über die Planung?/Die graphische Präsentation des neuen Budgets/Zum Organisationsvorschlag des Präsidenten (CEO)/ Ist die Planung a) zielführend? b) realistisch?/Checkliste, ob Budget realistisch – zugleich »risk list«.

6. Kapitel   Seite 147

Unternehmensplanung – strategisch, operativ und dispositiv

Planung und Prognose/Strategisch, operativ, dispositiv/Strategische Unternehmensplanung/Prämissen und Prognosen /Zeitraum für die strategische Planung/Operative Unternehmensplanung/ Operative Planung im Ausbau/Dispositive Unternehmensplanung/ Die begriffliche Struktur des Planungs-Gebäudes/Informationshintergrund der Planung/ Die »Schubladen« im Planungswürfel/Strategische Planung im Formular/Das operative Maßnahmenpapier/ Operative Mehrjahresplanung und Jahres-Auftragseingangsplan.

7. Kapitel   Seite 177

Bausteine im System der operativen Planung

Managementerfolgsrechnung (MER) als Kernstück der operativen Planung mit Verkaufserfolgsrechnung, Abweichungsanalyse und Abstimmbrücke/Managementerfolgsrechnung und Umsatzkostenverfahren/Integration der Teilpläne im Budgetsystem/Leitlinien zur Budgetierung/Planungsbrief/ROI-Baum als Schrittmacher zur Budgetoptimierung/Ansatzpunkte zur Verbesserung der Budgetierung: Beyond, Better und Advanced Budgeting.

Vorwort zur 16. Auflage 2007 und 17. Auflage 2010

Das Buch Controller-Praxis ist jetzt seit 40 Jahren auf dem Markt. Die erste Fassung tippte ich (Deyhle) im Sommer 1971 in einem Zuge weg auf meiner Reiseschreibmaschine. Der Inhalt war ja im Kopf schon da – gefunden in Vortrags- und Beratungsarbeit und vielen während der 60er Jahre geschaffenen Kundenkontakten zu Firmen fast aller Branchen. Die Bauteile eines entscheidungsgeeigneten Rechnungswesens mit Hilfe der Deckungsbeitragsrechnung, die Planung speziell vom Markt her operativ und dann auch strategisch sowie das Führen über Ziele, die sich allmählich entwickelt und gebildet haben – auch in Verbindung mit meiner Tätigkeit in Assistenz und später Geschäftsführung des Deutschen Instituts für Betriebswirtschaft e.V. in Frankfurt am Main, der Organisation Plaut AG sowie der Verkaufsleiterakademie e.V. und des Schweizerischen Instituts für Betriebsökonomie in Zürich – brauchten Ende der 60er Jahre eine gemeinsame Überschrift. Verwoben in einen »Thementeppich« fand ich die Bezeichnung Controlling als die passendste. Und wer das ganze System schafft, pflegt, entwickelt, darin berät und die verantwortlichen Managers betreut, ist der Controller-Dienst.

Also nicht der Controller macht das Controlling, sondern er sorgt dafür, dass im Management Controlling gemacht wird – kraft Methodik und Überzeugungsarbeit. Genauso wie Führung nicht der Personalchef übernimmt, sondern jeder, der für Mitarbeiter Verantwortung hat.

Es kam 1970/1971 zur Gründung der Controller Akademie. Das erste einwöchige »Controller-Grundseminar« fand im November 1971 in Fischen im Allgäu statt. Es kamen 24 Teilnehmer. Die ermutigten dazu, dieses Programm auszubauen. Man wolle es auch praktisch einführen und würde, um Controlling zu verwirklichen, immer wieder sich auch gegenseitig brauchen zur Beratung und Unterstützung und natürlich die Trainerhilfe der Controller Akademie. Controller-Praxis wurde dadurch Bestandteil der Arbeitsunterlagen des Seminars Stufe I – und so ist es noch heute, in den »10er Jahren«

Als Leserin/Leser finden Sie im Folgenden auch das Vorwort zur 1. Auflage 1971. Im Prinzip gilt dieser Text nach wie vor. Neue Entwicklungen von heute betreffen die Harmonisierung des Rechnungswesens und dass die Controllerfunktion nicht nur hinzuarbeiten hat auf die Elemente des internen Rechnungswesens, sondern auch die Verknüpfung zum externen Rechnungswesen finden muss. Drehscheibe dafür ist das Umsatzkostenverfahren. Mit diesem Erfolgsausweis kann der externe Abschluss nur gemacht werden, wenn auch Elemente des betrieblichen Rechnungswesens wie Kalkulation und Kostenstellenrechnung einbezogen sind. Außerdem haben wir die Tendenz zu aufwandsgleichen Kosten nach IFRS.

Die Controller Akademie ist inzwischen größer geworden und es gibt neue Controllertrainer-Persönlichkeiten. Deyhles aktive Rolle als Trainer hat mit Ende 2003 aufgehört; jetzt übt er die Tätigkeit des Aufsichtsratsvorsitzenden aus im Sinne des sich Kümmerns um die Weiterentwicklung der Controller Akademie AG mit Sitz in Gauting bei München. Vorstandsmitglied Prof. Dr. Martin Hauser ist seit der 16. Auflage Mitautor und leitet das Trainerteam der CA. So ist es stabil gelungen, dass in die schon lange bestehende Textstruktur auch harmonisch eingeflossen sind die neuen Themen in der Controller Community, wobei manche davon wie etwa Balanced Scorecard neue Namen sind für ursprünglich schon immer vorhandene Denk- und Verhaltensweisen. Auch Perspektiven von heute wie Beyond Budget, Corporate Governance, Sarbanes Oxley Act, compliance und eben IFRS und die Folgen sind integriert.

Gauting und Wörthsee, Weihnachten 2006/2009

Dr. Albrecht Deyhle   Prof. Dr. Martin Hauser

Aus dem Vorwort 1971

Controller – was ist das?

Zunächst einmal ist der Controller der Chef des internen Rechnungswesens – der »Rechnungs-Chef«. Dann aber beginnen auch schon die Zweifel und Missverständnisse. Die eine extreme Auffassung wäre die, dass der Controller gerade eben ein »Rechenknecht« sei, der zu rechnen und Protokoll zu führen habe; der mit spitzem Bleistift hinterdrein alles besser weiß und anderen auf die Finger schaut als Oberkontrolleur. Das entgegengesetzte Extrem gibt dem Controller ein umfassendes Veto-Recht, d.h. ohne das »o.k.« des Controllers geht nichts über die Bühne. Also müsste er sogleich Generaldirektor werden.

Weder die eine noch die andere Interpretation der Controllerfunktion ist zutreffend. »To control« bedeutet »regeln« oder »steuern«. Demnach ist der Controller eine Art betriebswirtschaftlicher Lotse oder Steuermann – ein »kybernetes« –, der mit Hilfe von Zahleninformationen hilft, dass die »Kapitäne« in Verkauf, Produktion, Forschung und Einkauf mit ihren »Schiffen« sicher im unruhigen geschäftlichen »Meer« operieren. Er muss signalisieren, wo die Gefahr des Auflaufens besteht – wo die Zusammenhänge zwischen Umsatz, Kosten und Gewinn aus den Fugen geraten.

Der Controller kontrolliert demnach nicht, sondern sorgt dafür, dass jeder sich selber kontrollieren kann im Hinblick auf die Einhaltung der von der Geschäftsleitung gesetzten Ziele – besonders im Hinblick auf die Einhaltung des Gewinnziels. Das erfordert, dass Ziele oder »objectives« auch tatsächlich aufgestellt werden. Außerdem funktioniert die Selbstkontrolle nur dann, wenn eine Planung besteht und über die Planung Maßstäbe für eine Selbstkontrolle gesetzt sind.

Da die Unternehmensziele und Planmaßstäbe überwiegend in Form von Zahlen formuliert sind, braucht der Controller den Apparat des Zahlenhandwerks zur Erfüllung seiner Aufgabe. Allerdings dreht es sich in der Controller-Praxis nicht um Zahlenberichte im Sinne der Rechenschaftslegung über abgelaufene Zeiträume, sondern um das »Halten des Steigbügels« für Verbesserungen – also um das so genannte »management accounting«. Der Controller arbeitet empfängerorientiert. Er ist Informations-Beschaffer. Er leistet einen Management Service im Sinne der zielgerechten Planung und Steuerung. Seine Funktion wird unbedingt gebraucht zur Realisierung eines modernen Führungsstils im Sinne der Delegation, des »management by objectives«.

Die in diesem Buch sowie in der Controller Akademie vertretene Konzeption für die Controller-Praxis berücksichtigt zwar auch die Erfahrungen amerikanischer Kollegen. Aber die Konzeption ist nicht rein amerikanisch. Aufgrund eigener Arbeitsergebnisse namentlich im Management-Training bei vielen Unternehmungen des Inlands sowie deutschsprachigen Auslands, beim Einsatz der Deckungsbeitragsrechnung zur Steuerung des Verkaufs, bei der Entwicklung eines Führungsmodells und vor allem bei der Realisierung der Unternehmensplanung als ein Führungsinstrument hat sich eine europäisch orientierte Konzeption für die Aufgaben des Controllers herausgebildet.

Übrigens kommt es auch nicht darauf an, dass es in einer Unternehmung unbedingt »den« Controller gibt als eine Person oder Position. Absichtlich spreche ich oft von der »Controller-Funktion«, weil sie sich häufig auf mehrere Köpfe verteilt. So gehören zur Controllerfunktion die in vielen Firmen bestehende Stabsabteilung »Zentrale Unternehmensplanung«, der oftmals separate Bereich »Management-Information« mit Organisation, Systemanalyse und elektronischer Datenverarbeitung und selbstverständlich das Rechnungswesen. Auch die interne Revision sorgt gelegentlich für die Erfüllung von Teilen aus der Controller-Funktion.

Sicherlich kann man die Organisation so aufbauen, dass es den Controllerbereich und seinen Leiter mit allen den angegebenen Aufgaben »in einer Hand« auch tatsächlich gibt – dann vielleicht als ordentliches oder stellvertretendes Vorstandsmitglied. Langfristig sollte das in der Organisationsplanung auch so vorgesehen sein. Die Beispiele, Empfehlungen und Ratschläge dieses Buches sind aber unabhängig davon brauchbar für jeden, der sich insgesamt oder in Teilen um die Erfüllung der Controller-Funktion kümmert – ob er ausdrücklich auch Controller heißt oder nicht, ist für die erfolgreiche Praxis auf diesem Gebiet nicht so wichtig.

Gauting/München, Herbst 1971

Dr. Albrecht Deyhle

Leitbild und Zielsetzung der Unternehmung

[handschriftliche Notizen: G = viele Zahlen / K - wenige Zahlen / E - kaum Zahlen]

Erfolg haben kann nur die Unternehmung, die weiß was sie will, und in der alle Mitarbeiter konsequent nach dem W E G handeln, den man sich vorgenommen hat. Alles andere wäre »management by happening« – d. h. ein Reagieren auf das, was gerade kommt. Um Leitbild und Zielsetzung zu definieren sowie für den praktischen Fall zu konkretisieren, eignet sich das folgende Arbeitsmodell:

[handschriftliche Notizen im und um das Diagramm: Innovation / Kunde / Weg finden / Controller = Navigator]

Abbildung 1/1: Zielsetzungs- Modell ausgewogen (»balanced«)

Der Buchstabe **W** in diesem Modell **steht für Wachstum**. Das sind die Kunden. Von deren Bedarf aus ergibt sich, ob die Nachfrage nach bestimmten Produkten und Dienstleistungen Wachstums-Chancen hat. Und natürlich muss man das regional differenzieren – wo in der Welt sind Wachstums-Chancen? Daraus folgt im Sinne von Leitbild, ob ein Unternehmen auch entsprechend weltweit aufgestellt ist. **Hinter Wachstum volkswirtschaftlich steht auch, ob man mehr Arbeitsplätze schaffen kann.** Dabei ist Wachstum oft nicht nur ein Ziel, sondern sogar geradezu ein Muss. Wie beim Fahrrad fahren. Wenn man nicht ständig in die Pedale tritt, bleibt das Fahrrad stehen und fällt um. So kann auch ein Unternehmen nicht einfach bloß am Stehen gehalten werden.

Nun ist Wachstum nicht nur für die gesamte Volkswirtschaft gemeint. Es geht individuell um das Unternehmen. Und da ist trotz Stagnation auf dem Gesamtmarkt Wachstum möglich, **wenn es gelingt, den Marktanteil zu vergrößern**. Da muss man aber irgendwie auch besser sein als die Mitbewerber; und zwar besser in dem, was beim Kunden zählt.

Damit sind wir in dem Wegsymbol beim **E** für **Entwicklung**. Dies ist das Innovative, die Kernkompetenz; darin steckt der competitive advantage, die USP die Unique Selling Proposition. Entwicklung heißt, dass das Unternehmen neue Erzeugnisse bringt, neue Anwendungen ausdenkt, besser passende Produkte offeriert, neue Servicelösungen auf die Beine zu stellen vermag. Das E betrifft aber auch das Interne in den Produktionsverfahren, im Anwendungstechnischen, in der Gestaltung der Abwicklungsprozesse. Zum Symbol Buchstaben E gehört auch die Fähigkeit zum **Veränderungsmanagement** (Changemanagement).

Das W und das E korrespondieren in der Darstellung der Abbildung 1/2. In dieser drückt sich dieses Erfahrungsmodell der S-Kurve aus. Erst kommt ein Produkt langsam in den Markt, dann findet das Akzeptanz, spricht sich rum, wächst an; allmählich ist der Markt gesättigt, der Bedarf wiederholt sich, er bröckelt. Und dann müsste man in der Lage sein, wieder ein neues Produkt nach oben gebracht zu haben. Also beständige Entwicklung, um Wachstum zu sichern.

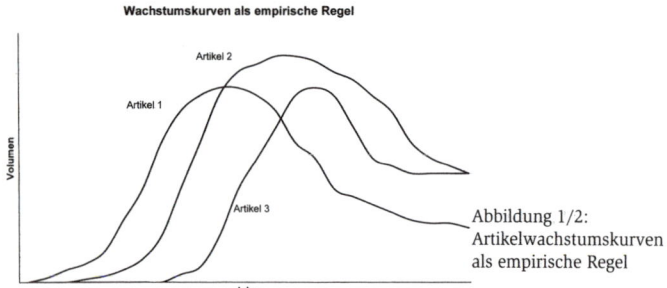

Abbildung 1/2:
Artikelwachstumskurven als empirische Regel

Das **G** in dem Kreismodell der drei Buchstaben steht für **Gewinn** oder für Geld. Das ist das Finance Thema. Bei dem, was man betreibt, müssen auch die Zahlen stimmen. Rechentechnisch ist es nachher die Gewinn- und Verlust-Rechnung zum Einen und die Kapitalfluss-Rechnung/das Cash Flow Statement zum Anderen. Gewinn braucht das Unternehmen auch, um aus eigener Kraft Wachstum finanzieren und Entwicklung auf die Beine stellen zu können.

Und auf die Personalführung übertragen: Wachsen die Mitarbeiter – Job Enlargement – entwickeln sich die Mitarbeiter im Sinne von Job Enrichment und gelingt das auch, dass G für Gehalt entsprechend sicher zu stellen und zu vergrößern. Und G für Gehalt kann es auch nur geben, wenn das Unternehmen in der Gewinnzone ist.

Kerndefinition für die Controller Aufgabe

Beim **G liegt auch die Kernaufgabe der Controllerarbeit**, nämlich für eine Methode zu sorgen, die daraufhin wirkt, dass die Unternehmung das Gewinn-Ziel erreicht – und das bei finanzieller Stabilität. Am G macht sich fest **Controllers ökonomischer Lotsendienst**.

Aber eben nicht einseitig. **Der Kreis drückt auch aus, dass es ausbalanciert sein soll.** Wenn man einseitig sich nur fokussiert auf G = Gewinn, vergisst man, in die Märkte zu investieren und Neues zu schaffen. Wer nur auf Wachstum schaut und womöglich dafür Rabatte gibt, gefährdet das Gewinnziel. Und wer nur Ideen ausdenkt, ohne sie umzusetzen in dem Sinne, wie die Kunden das brauchen, versäumt auch, dass die Unternehmung ihre Existenz behält.

Die drei Buchstaben formulieren das Wort **WEG**. Und Wege definieren muss man daraufhin, was auf uns zukommt; nicht das was gewesen ist.

Welchen Weg soll das Unternehmen gehen? **Das ist Zielfindung und Planung und Steuerung auf diesem Weg zum Ziel.**

Und der Gedanke der **Ausgewogenheit** entspricht dem Prinzip von Balanced Scorecard (vergleiche 10. Kapitel). Man könnte sich vorstellen, dass um diesen Kreis in Abbildung 1/1 herum ein Kennzahlenreifen geschaffen ist. Dann hätten wir in der Praxis das so wie bei einem Rad, bestehend aus Schüssel und aus Felge. Die Schüssel ist drei geteilt in diese drei Segmente W, E und G. Und in der Felge sitzt der Kennzahlenreifen – bei W die Zufriedenheit der Kunden, bei E der Marktanteil, bei G der Return on Investment (um nur diese drei auszuwählen); und wir hätten das Komplettrad, auf dem das Unternehmensfahrzeug unterwegs sein könnte.

Formulierung des Leitbildes der Unternehmung

Das Leitbild formuliert die »Philosophie« der Firma. Was wollen wir? Wozu ist die Unternehmung da? Woraus leitet sich ab, was ihre Daseinsberechtigung ist? Was ist Kernkompetenz?

Leitbilder sollen ausdrücklich formuliert und bekannt gemacht sein. Dazu die Geschichte von den drei Steinklopfern im Mittelalter, die von einem Passanten gefragt werden, was sie da machen. »Ich klopfe Steine, das sehen Sie doch«, meinte der eine. »Ich muss Geld verdienen; Hauptsache, die Kohle stimmt für meine Frau und meine Kinder«, antwortete der zweite. »Ich baue an einem Dom«, sagte der dritte. Dieser Dritte kennt sein Leitbild. Er weiß, wozu seine Tätigkeit notwendig ist, auch wenn sie vielleicht nur ein kleines Rädchen sein mag. Er ist motiviert für das Ganze – hat ein Bild vor Augen / eine Vision. Genauso sollte z. B. eine Sekretärin, wenn sie sich nach Feierabend mit einer Kollegin aus einer anderen Firma trifft, wissen, wozu sie gebraucht wir. Aus dem Leitbild folgt die Unternehmens-Identität.

Wenn gelegentlich gesagt wird, die »jungen Leute« hätten keinen Leistungswillen mehr, so muss die Gegenfrage gestellt werden: Für was eigentlich? Ist das Leitbild bekannt? Wozu »krampfen« wir den ganzen Tag herum? Wenn es das »Establishment« versäumt, Leitbilder zu formulieren, so braucht es keinen zu wundern, wenn die Zielrichtung anderswo gesucht wird und »Alternativen« den Ton angeben.

Hier muss ich ein Streitgespräch berichten, das ich einmal in einem Kreise deutscher wissenschaftlicher Sortimenter erlebte. Also: Sortimenter sind Buchhändler. Ich sprach vom Gewinn-Management im Buchhandel. Es gab große Proteste. Ein sehr potenter Buchhandels-Unternehmer stand auf und fiel mir ins Wort. Wie ich mir beikommen lassen könne, vom Gewinn als Ziel im Buchhandel zu reden. »Wir haben als Sortimenter eine Informationspflicht zu erfüllen. Wir üben eine Kulturfunktion aus!« Meine Gegenbemerkung: »Wenn Sie Verluste machen und pleite gehen, können Sie weder Informationspflicht noch Kulturfunktion erfüllen.«

Was dieser Buchhändler meinte, war sein Leitbild – ein empfehlenswertes Leitbild. Wenn er dieser »philosophy«aber treu bleiben und dabei eine echte Leistung auf die Beine stellen will, muss er auch Gewinn erzielen. Eine pharmazeutische Firma könnte das Leitbild aufstellen, dass sie der Gesundheit dient. Will sie das effektiv tun, muss sie auch Gewinn erzielen. Woher sollen sonst Budgets für neue Forschungs- und Entwicklungsvorhaben bereitgestellt werden, wenn nicht aus Gewinn?

Leitbilder (»Identitäten«) einer Unternehmung wären **zum Beispiel:**

- Bestmögliche Versorgung der Bevölkerung;
- »Wir sind der Preisbrecher«;
- »Unsere Aufgabe ist die Problemlösung«;
- Maßanzüge liefern oder serielle Konfektion machen;
- »Bei uns sind die besseren Ingenieure!«
- »Wir stellen Markenartikel her und keine Schüttware.«

- Als Zulieferer an die Industrie den eigenen Kunden nicht Konkurrenz machen; etwa Plastikmaschinen liefern und selbst Plastikerzeugnisse herstellen;
- Nicht nur Zulieferer – etwa zur Automobilindustrie sein;
- Ein mittelständischer Betrieb bleiben;
- Keine Pralinen mit Schnapsfüllungen herstellen (Quäker);
- »Auf der ganzen Welt zuhause sein«;
- »Halt dei' Gosch, i'schaff' beim Bosch«;
- »We try harder«.

Ins Leitbild würde für eine Inhaber-Firma oder eine Familien-Gesellschaft auch die »Unabhängigkeit« gehören. Wir haben keinen Bankkredit oder »bei uns haben Finanzanalysten nichts zu sagen«. Aus diesem Leitbild folgen dann ganz bestimmte Restriktionen bei der Zielsetzung. Zum Beispiel kann die Firma aus Gründen der Finanzierung aus eigener Kraft dann bei bestimmten Wachstumszielen im Kampf um die Marktanteile nicht Schritt halten. Daraus folgt wieder die Notwendigkeit einer Leitbild-Konzeption bei der Produktentwicklung. Dann kann in der Zielsetzung nicht der breite Markt versorgt werden, sondern nur ein bestimmtes Marktsegment – vielleicht das der anspruchsvolleren Kunden.

Gelingt es, durch klares Leitbild und kluge Unternehmenspolitik auf Fremdfinanzierung zu verzichten, braucht ein Unternehmen auch keine Zeit verwenden, sich mit Finanzanalysten auseinander zu setzen oder Rating Prozesse nach Basel II zurück zu legen. Die daraus gewonnene Zeit lässt sich voll in die Kunden investieren.

Wachstum, Entwicklung und Gewinn im Gleichschritt fördern

Gelegentlich wird uns entgegengehalten, warum das Arbeitsmodell zur Formulierung der Zielsetzung drei Segmente habe. Es würde doch genügen, nur die Größe Gewinn als Unternehmensziel aufzustellen. Gewinne können nur erwirtschaftet werden, wenn Wachstum erfolgt, ein Volumen erreicht ist, und wenn neue Entwicklungen geboten werden mit der Chance günstiger Verkaufspreise wegen Möglichkeiten zur Differenzierung gegenüber der Konkurrenz.

Das W E G -Modell soll zeigen, dass **zwischen Wachstum, Entwicklung** und Gewinn Kompromisse gebildet werden müssen. Im Interesse des Wachstums, der Marktanteile, müssen Gewinnchancen oft geopfert werden. Im Sinne langfristiger Sicherstellung von Gewinn dürfen kurzfristig günstige Möglichkeiten nicht voll ausgeschöpft werden. Mit Absicht wird trotz technischen Vorsprungs ein niedriger Verkaufspreis festgelegt, als derzeit möglich, um Konkurrenz nicht all zu sehr einzuladen, den Vorsprung aufzuholen und sich gleichfalls in dieser Entwicklung zu engagieren. Aus dem Gewinn heraus, den man sonst verfügbar hätte, werden neue Forschungs- und Entwicklungsprojekte gestartet. Im Handel werden Aktionen mit Aktionspreisen durchgeführt, um »die Füße fest im Markt drin zu haben«, auch wenn gelegentlich auf Deckungsbeiträge dabei verzichtet werden muss, weil die Stückzahlsteigerung während der Aktionszeit nicht so groß ist, um die Preisreduktion und damit die Margenkürzung voll aufzuwiegen.

Obwohl es Phasen geben wird, in denen bei einem der drei Segmente Wachstum, Entwicklung oder Gewinn Prioritäten gesetzt werden müssen, kann die Unternehmung langfristig nur gesichert über die Runden kommen, wenn alle drei Komponenten von Leitbild und Zielsetzung im Gleichschritt vorangetrieben werden, was dem Anliegen von »Balanced Scorecard« entspricht - vgl. 10. Kapitel.

Ziele müssen konkret definiert und erreichbar sein

Im Gegensatz zum Leitbild, das eine **qualitative Aussage** festlegt, müssen Ziele quantifiziert sein. **Ziele sind Zahlen.** Für die Formulierung von Zielen gilt die Spielregel, dass sie konkret festgelegt sind, eine Herausforderung an Leistung darstellen (was auch ein Benchmark-Vergleich gegenüber anderen oder auch gegenüber dem eigenen Vorjahr sein kann) und erreichbar sein müssen. Das sogenannte **Zuck- und Schluck-Prinzip**.

Oft wird behauptet, ein Ziel sei etwa »Kostensparen«. Das ist aber kein Ziel, sondern ein Appell – Anlass für eine Art »Kreuzzug-Management«. Soll daraus ein Ziel werden, wäre zu sagen: »In dem bestimmten Bereich sind während des nächsten Halbjahrs die Kosten um 3% gegenüber dem letzten Halbjahr zu senken«. Ziele müssen konkret definiert und so aufgestellt sein, dass sie auch erreicht werden können. Es hat zum Beispiel **keinen Sinn, das Unmögliche zu verlangen, damit dann das Mögliche erreicht wird**. Wer als Vorgesetzter so vorgeht, wird erleben, dass er etwa als Verkaufsleiter bei der Aufstellung des Umsatzbudgets erreicht, dass sich die Verkäufer warm anziehen, bei ihren Angaben erst einmal 20% vom Möglichen abziehen, weil sie wissen, das der Chef nachher mehr als das Mögliche draufschlägt.

Aus diesen Bemerkungen ergibt sich schon, dass

– für den Zielsetzungsprozess Werkzeuge gehören wie etwa ein Kostenbudget, weil sonst nicht eindeutig quantifiziert sowie adressiert werden kann;
– Zielsetzung und Planung von Führungsstil und Führungsphilosophie nicht zu trennen sind.

Für beides zu sorgen, gehört zur Controller-Funktion.

Zielsetzungs-Kennzahlen

Für die Formulierung der Unternehmensziele werden in der **Regel Kennzahlen** eingesetzt wie zum Beispiel angenommen;

– 10% Umsatzwachstum gegenüber Vorjahr;
– 4% Steigerung des Marktanteils – d. h. die Unternehmung soll nicht nur wachsen, sondern dies um 4% schneller tun als die Branche;

- 15% Kapitalertrag von Ertragsteuern und Zinsen;
- 30% Cash-flow-Grad (d.h. Gewinn und Abschreibungen, bezogen auf den Umsatz) als Zielsetzung für die finanzielle Manövriermasse;
- 200.000,– € Pro-Kopf-Umsatz als Zielsetzungsgröße für Rationalisierung und Automatisierung.

Aufgabe der Planung ist es dann, Wege (Strategien und Maßnahmen) zu finden, die zu diesen Zielen führen, und festzulegen, mit welchem Einsatz an Mitteln zu rechnen sein wird. Das **Planungsgebäude** (Umsatzplan, Werbeplan, Produktionsplan, Lagerplanung, Beschaffungsplan, Personalplan, Forschungsplan, Finanz- und Gewinnplan) **bekommt sein O.K. von der Erfüllung der Zielsetzung** her, die ihrerseits wieder vom Leitbild umhüllt ist. Oder aber die Planung legt nahe, die Zielsetzung – vielleicht sogar das Leitbild – zu ändern.

Hat die Unternehmensplanung das O.K., so sind mit den Bausteinen des Planungsgebäudes auch die Einzelbudgets sowie die Einzel-Ziele (»Fahrpläne«) der Bereiche festgelegt. Die Unternehmenszielsetzung pflanzt sich dabei über die Planung im Sinne einer Kaskade auf die Hauptabteilungen, Abteilungen, Gruppen und schlussendlich bis zum einzelnen Mitarbeiter fort.

Dafür zu sorgen, das jeder seine »objectives« hat, die über das Budgetsystem mit der Gesamtzielsetzung der Unternehmung integriert sind, bildet Bestandteil der Controller-Funktion.

Gewinn-Bedarfs-Budget

Das Leitbild stellt die Unternehmensaufgabe dar. Es kennzeichnet, was ein Unternehmen tut. Ziele drücken aus, was beim Tun erreicht wird. Dieses Was-tu-ich; Was-erreich-ich gilt für das Unternehmen – sinngemäß wie für jede einzelne Funktion im Management. Jeder braucht für seine Aufgabe, für das was er/sie tut, auch das Ziel, was er/sie dabei erreicht. Und so topft sich die Unternehmensaufgabe, Leitbild genannt, in Einzelaufgaben um und ist aus Einzelaufgaben zusammenzusammeln. Parallel setzt sich das Unternehmensziel um in Einzelziele; oder ist aus Einzelzielen aufzurichten.

Dies ist die **Zielfindungsstraße als Zweibahnsystem** mit »top down «und »bottom up«. Wenn aber der Controller-Dienst eine Navigationsfunktion zum Ergebnisziel leisten soll als betriebswirtschaftlicher Begleiter – Betriebswirtschaft heißt ja: »Wirtschaftliches Begleiten bei dem, was man betreibt« –, so ist unerlässlich, dass Art und Höhe des Gewinnbedarfs begründet werden können. Dies ist die »Telling-why-Regel«. Wie soll man denn ein Plädoyer machen für sparsame Kostenbudgetierung, wenn aus der Gesamtschau heraus der Sinn nicht plausibel gemacht werden kann. So ist ja auch das Gewinnziel nicht einfach ein Dogma oder begründet sich nicht allein aus der Figur des Chefs heraus, sondern ein Gewinnziel lässt sich, statt bloß zu verkünden, auch aus der Sachlogik heraus begründen.

Abbildung 1/3 schildert, wie das mit dem Aufbau eines Gewinnbedarfbudgets gemeint ist. Ausgangspunkt ist eine zusammengefasste Bilanz. Das im Unternehmen investierte Vermögen (im Sinn der total assets) beläuft sich auf eine Million – vergleiche auch Fallbeispiel der Lamina AG im 5. Kapitel. Das Anlagevermögen darin ist 600.000 €; das Umlaufvermögen für Vorräte, Forderungen und flüssige Mittel 400.000 €.

Die Mittelherkunft besteht einmal im Gezeichneten Kapital in Höhe von 200.000 €; aus einer Gewinnrücklage von 100.000 € sowie aus langfristigen Schulden von 280.000 € und kurzfristigem Fremdkapital von 420.000 € (kurzfristige Bankkredite, Lieferantenschulden, Anzahlungen von Kunden).

Nun kann man eine Bilanz analysieren auf die **finanzielle Stabilität** hin. Da steht im Zentrum die **Eigenkapitalquote**, die mit 30% ganz gut aussieht. Das **Working capital** hingegen – also der Vergleich von Umlaufvermögen zu kurzfristigem Fremdkapital – ist minus 20. Das heißt mit anderen Worten, dass das Anlagevermögen mit 20.000 € kurzfristig fremd finanziert ist. Das muss der Gewinnsituation nicht besonders weh tun; gefährdet aber – wenn es sich fortsetzt – die finanzielle Stabilität.

Mittelverwendung (»Wohin«)	Planbilanz-Entwurf	Mittelherkunft (»Woher«)	
	T€		T€
Anlagevermögen	600	Gezeichnetes Kapital	200
Umlaufvermögen	400	Gewinnrücklage	100
		Langfr. Fremdkapital	280
		Kurzfr. Fremdkapital	420
Investment	1.000		1.000

(Capital employed; total assets, betriebsnotwendiges Vermögen)

Working Capital = Umlaufvermögen 400 – kurzfristiges Fremdkapital 420 = – 20.

Gewinn-Bedarf für das Budgetjahr folglich:

	T€
Dividende	30
Rücklagenzuführung	30
Ertragsteuern	40
Fremdzinsen	50
Plan-Brutto-Betriebs-Ergebnis / EBIT	150

Als ROI-Kennzahl geschrieben: 15 % (RIV = Rendite auf investiertes Vermögen)

Abbildung 1/3: Aufbau eines Gewinnbedarfsbudgets auf der Basis der Bilanzbeurteilung

Die Zielgröße für das kommende Jahr bedeutet, dass das working capital etwas ins Plus soll. Den Rücklagen sind demnach 30.000 € zuzuführen. Das muss aus Gewinn kommen, der nicht ausgeschüttet wird. Als Zieldividende ist 15% vorgesehen auf das gezeichnete Kapital; das ergibt einen Dividendenbedarf von 30.000 €.

Also ist die geplante Zuführung zur Gewinnrücklage im Beispiel in Höhe von 30.000 € eben so hoch wie die Dividende an die Aktionäre von ebenfalls 30.000 €; also Gewinn nach Ertragsteuern.

Als Ertragsteuerrate (Körperschaftsteuer, Solidaritätszuschlag und Gewerbeertragsteuer) ist angenommen 40%. Wenn die Steuerquote 40% ausmacht, ist der Gewinn nach Steuern 60%. In € formuliert lautet das Gewinnziel nach Steuern auf 60.000 €. Wenn dies 60% ist, erkennt man ohne Rechenmaschine, dass der Gewinn vor Steuern 100.000 € sein muss. Davon 40% für Ertragsteuern ergibt 40.000 € Steuerbedarf.

Die Dividende, die Rücklagenzuführung und die Ertragsteuern sind das Ergebnis vor Steuern, aber nach Zinsen. In englischer Sprache könnte man sagen EBT (Earnings Before Taxes).

Die Zinsen auf das Fremdkapital sollen betragen nach den bestehenden Verträgen und der Inanspruchnahme der Kreditlinie während des Jahres 50.000 €.

Also folgt ein Plan-Brutto-Betriebsergebnis von 150.000 €; in englischer Sprache EBIT Earnings Before Interest and Taxes.

Das Budget nun ist, wie im 5. Kapitel gezeigt, auf diese Zielgröße 150.000 € pro Jahr zu erarbeiten und wenn es erreichbar erscheint, zu verabschieden. Für den Budget-Prozess selber bräuchte man die Kennzahl eines Return on Investment in Prozent nicht. Die Prozentsätze dienen dem Vergleich zu früheren Perioden; oder zu einer Betrachtung in der Mehrjahresentwicklung. Der Prozentsatz dient auch dem Vergleich innerhalb des Konzerns oder eben von Branche zu Branche. Also der Return on Investment im Sinne eines Return on total assets für das Beispiel beträgt dann 15%.

Damit ist ein Gewinnziel nicht einfach bloß »top down« von Seiten der Chefität verkündet, sondern im Verbund mit der Bilanzplanung und dadurch mit finanziellen Notwendigkeiten »bottom up« auch begründet. **Fragt jemand im Management, wie man auf dieses Gewinnziel gekommen sind, so lässt sich das auf diese Weise transparent machen.**

Zwar kann nicht jeder Controller zum Beispiel in einem Gespräch an der Kostenstelle jeweils die Unternehmensbilanz vorstellen und analysieren. Aber ein Modellbeispiel in der dargestellten Art mit Zahlen, die in etwa dem entsprechen, was in der Firmenbilanz drinsteht, ist machbar.

Die Struktur der Gewinn-Zielsetzung

Gewinne bilden ein Ziel des Managements. Der Controller soll für ein Informationssystem sorgen, das hilft, dieses Ziel planmäßig anzusteuern. Deshalb genügt es nicht, die Gewinnzielsetzung einfach als einen bestimmten Betrag pro Jahr zu fixieren. Eine solche Zahleninformation würde nichts darüber besagen, was zu tun ist, um den Gewinn zu verbessern. Sinn des durch den Controller-Bereich aufzubauenden »Management Accounting« ist es aber gerade, an Hand von Zahlen den Einstieg in ein **Aktionsprogramm zur Gewinnverbesserung** zu liefern. Dieses Aktionsprogramm spielt sich sowohl im Bereich der Unternehmensplanung ab – d.h. die Budgetentwürfe ergeben zusammen noch nicht die Zielsetzung und müssen auf Verbesserungsmöglichkeiten hin »abgeklopft« werden – als auch in Form der Reaktionen auf Abweichungen der Ist-Resultate vom Plankurs.

Abgrenzung zwischen Gewinnplanung und Finanzplanung

Der Gewinn ist ein Überschuss des Umsatzes über die Kosten. Fragen der Gewinnermittlung an Hand der Jahresbilanz gewinnen in jüngerer Zeit durch das Voranschreiten der International Financial Reporting Standards (IFRS) auch für den Controller zunehmend an Bedeutung. Die damit einhergehenden Fragen der Integration von internem und externem Rechnungswesen sollen an späterer Stelle erörtert werden. Bei der Planung von Umsatz, Kosten und Gewinn konzentriert sich die Analyse auf die Stromgrößen: den »Strom« der Erlöse, den oft fast ebenso großen »Strom« der Kosten – und das »Bächlein« Gewinn.

Lager sind aus dieser Betrachtung herausgelöst. Sie fungieren gleichsam als »Stau-Seen«, damit die Umsatz- und Kostenströme ununterbrochen fließen können. Wenn nachher davon die Rede ist, was die zusätzlichen Kosten einer weiteren Einheit ausmacht (die Produktkosten/Grenzkosten), so wird unterstellt, als würde etwa im Handel eine Ware in dem Moment, in dem sie der Verkäufer abgibt und den Erlös kassiert, auch eingekauft (der Einstandspreis der Ware kommt durch diesen Umsatzakt hinzu; die Differenz bildet den Deckungsbeitrag) – der Warenverbrauch.

Ginge es hingegen um die Aufstellung einer Finanzplanung, könnten die Lagerfragen nicht mehr eliminiert werden. Bestände als Puffer zwischen Verkauf und Produktion sowie zwischen Einkauf und Produktion müssen finanziert werden. Ferner arbeitet die Gewinnplanung mit dem fakturierten Erlös. Auch das genügt nicht in der Finanzplanung. Hier kommt es auch auf die Zahlungsziele an. Wann schicken die Kunden das Geld? Andererseits sind die Kosten aus dem Bereich der Gewinnplanung erst über die eigenen Zahlungsmodalitäten gegenüber den Lieferanten Bestandteil der Finanzplanung.

Die Finanzplanung braucht deshalb als Werkzeug die Bilanz. Dort stehen auf der Aktiv- oder Vermögensseite (also links) das zu investierende Kapital wie die erwähnten Bestandspositionen in Lagern und Kundenaußenständen, die zusammen mit anderen Posten einen Finanzbedarf auslösen, dessen Deckung die Passivseite der Bilanz ausweist. Die Bilanz – z.B. als Bewegungsbilanz – ist eines der hauptsächlichen Werkzeuge des Treasurers als Bild für **Mittelverwendung und Mittelherkunft.**

Die Nabelschnur zwischen Gewinn- und Finanzplanung bildet der Cash Flow. Cash Flow ist jener Teil der Deckungsbeiträge, der nicht durch bare Strukturkosten gebunden ist; also die verdienten Abschreibungen sowie der herein geholte Gewinn. Diese beiden Positionen liefert die Gewinnplanung an die Finanzplanung ab. Heute sehen wir die Verantwortlichkeit der Controller für Ergebnis- und Finanztransparenz parallel.

Planung des Zusammenhangs zwischen Umsatz, Kosten und Gewinn

Die Kenntnis von Umsatz und Kosten allein genügt nicht. Schließlich geht es nicht um die Betrachtung der Vergangenheit, sondern um die Konsequenzen neuer Entscheidungen in der Zukunft auf den Gewinn. Soll zum Beispiel ein Werbe-Etat oder eine Verkaufsförderungsaktion speziell für ein Produkt angesetzt werden, um dort den Marktanteil zu erhöhen, und denkt der Produkt-Manager nicht nur in Erlösen oder in Tonnen, sondern auch in der Zielsetzung Gewinn, so muss er wissen, welche Kosten sich mit dem zusätzlich zu verkaufenden Volumen ändern und welche nicht.

Steigt das Umsatzvolumen um 20%, so steigen die Kosten nicht auch in diesem Ausmaß. Fällt der Umsatz um 10%, so gehen keineswegs deshalb zwangsläufig auch die Kosten um 10% zurück. Nur ein Teil der Kosten lässt sich managen im Verhältnis zum Volumen, ein anderer Teil bleibt unverändert.

Jedes Unternehmen hat sich eine bestimmte Kapazität gebaut. Dabei darf man aber nicht bloß an Fabrikgebäude und Verwaltungshochhäuser, Maschineninvestitionen oder den Management-Apparat inklusive der Datenverarbeitung denken, sondern auch an die im Markt investierte Kapazität in Form von Werbekosten, Verkaufsförderungskosten, Vertriebswegorganisation sowie an die Kostenblöcke im Bereich Forschung und Entwicklung. Ein solcher Apparat bedingt Kosten, die entstehen, selbst wenn nichts hergestellt und verkauft wird. Man nannte sie fixe Kosten; heute Strukturkosten/Struko – sie entsprechen dem »Apparat«, die Produktkosten/proportionale Kosten kommen hinzu, wenn er läuft.

Am einfachsten bewährt sich als Denkmodell für diese Zusammenhänge die geschäftliche Situation des Handels. Der Handelsunternehmer erzielt einen Umsatzerlös. Dabei entstehen erlösabhängige Kosten wie Provisionen, Rabatte, Boni oder Skonti.

Nach Abzug dieser Erlös-Schmälerungen ergibt sich der Netto-Erlös. Auf der Einkaufsseite hat der Händler umso mehr Einstandskosten (Umsatzeinstand), je mehr er umsetzt. Je größer sein Volumen auf der Verkaufsseite ist, desto höher wird auch sein Umsatz-Einstand vom Lieferanten her. Die Einstandspreise der eingekauften Waren sind die Produktkosten/proportionale Kosten oder Grenzkosten im Handelsgeschäft (im Wesentlichen jedenfalls). Als Überschuss zwischen Netto-Erlös und Umsatzeinstand entsteht der **Deckungsbeitrag**; im Handel oft auch Roh-Ertrag genannt. Mit den Deckungsbeiträgen deckt der Handelsunternehmer erst einmal die Kosten seines Apparats ab wie Ladenmiete, Mitarbeiterkosten, Bürospesen, Abschreibung und Verzinsung. Nachdem er das erreicht hat, bilden die weiteren Deckungsbeiträge den Gewinn.

Im Industriebetrieb ist es im Prinzip genauso. Auch hier gibt es Kosten, die umso mehr entstehen, je mehr produziert und verkauft wird. Nur dass im Industriebetrieb das Einkaufsvolumen an Fertigungsmaterial und Bauteilen bzw. Rohstoffen und Halbfabrikaten bloß einen Teil der Produktkosten/proportionalen Kosten darstellt. Zu den Materialkosten treten die proportionalen Kosten der Be- oder Verarbeitung wie der Fertigungslohn und die darauf entfallenden Sozialkosten, der Energieverbrauch, verschleißbedingten Reparaturen, der Werkzeugverbrauch sowie die Einsätze an Hilfs- und Betriebsstoffen. Sogar bei den Abschreibungen kommt man nicht immer daran vorbei, verschleißbedingte Teile innerhalb der Produktkosten anzusetzen, etwa bei Universalmaschinen im Mehrschichtbetrieb. Das Problem bei der Ermittlung der Produktkosten/Grenzkosten im Industriebetrieb ist nur, dass die proportionalen Fertigungs- oder Transformationskosten nicht unmittelbar in Abhängigkeit von zusätzlichen Stückzahlen der Endprodukte errechnet werden können, sondern der Umweg zum Beispiel über die Stunden als Leistungsmaßstäbe der Produktionsaggregate einzuschlagen ist. Daraus folgt, dass die Deckungsbeitragsrechnung im Industriebetrieb in den allermeisten Fällen auf Basis einer Standard-Produktkostenrechnung einzurichten ist, während in den Fällen des

Handels, im Dienstleistungsbereich oder ähnlichen Branchen (etwa bei Engineering-Unternehmungen oder Bauträgerfirmen, die nicht selbst produzieren, sondern Fremdaufträge erteilen, auch wenn sie ganze Raffinerien »bauen«) die Produkt-/Grenzkosten im Sinne der »eingekauften« Kosten häufig gleichzeitig »Einzelkosten« sind; also mit Beleg im Ist einzeln für den Auftrag, den Artikel oder das Projekt kontiert werden können.

Ganz anders verhält es sich bei den Produktkosten innerhalb »jüngerer« Dienstleistungsbranchen, wie z.B. der Telekommunikation oder der Informationstechnologie. Was also sind die Produktkosten/proportionalen Kosten im Sinne von Gestehungskosten (Grenzkosten) der aktuellen Microsoft-Windows-XP-Lizenz, die sich auf dem eigenen Notebook befindet? Oder wie verhalten sich die Produktkosten eines mobilen Telefongesprächs? Im ersten Fall sind es nicht viel mehr als die Kosten der CD-ROM und die Kopierkosten, die entstehen, um die Software auf die CD-ROM zu bringen. Quantitativ sind diese Kosten so unbedeutend, dass Nettoerlös und Deckungsbeitrag nahezu identisch sind. Für die beim Telefongespräch anfallenden Übertragungskosten dürfte ähnliches gelten. Es ist offensichtlich, dass in solchen Branchen das Management der Strukturkosten/Fixkosten die größere Aufmerksamkeit verdient.

Modell zur Kalkulation der Produktkosten

Wie an früherer Stelle vermerkt, mischen sich in der Weiterentwicklung der Controller-Praxis die Sprachgebräuche. Das Wort Grenzkosten stammt aus dem mathematischen Beschreiben des Steigungsmaßes einer Kostenfunktion. Daher diese »dazukommende« Einheit. Das entspricht auch dem praktischen Tatbestand, dass ein Produkt ohne sein Material und ohne die Arbeitsgänge des Be- oder Verarbeitens physisch nicht existiert. Um seine physische Existenz zu erlangen, verzehrt ein Produkt eine Kombination von Einsatzfaktoren. Zum besseren Verständnis findet der Leser die Worte Produktkosten/Grenzkosten parallel genannt. Der Produktkostensatz ist von Haus aus je Einheit formuliert. Typisch ist das Wort Stückliste. Es ist technisch unentrinnbar je Einheit formuliert. Sinngemäß gilt es für die Arbeitsfolgen, die je Produkteinheit formuliert sind.

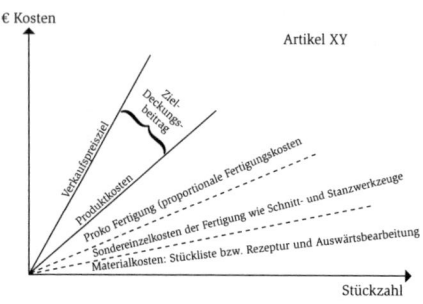

Primäre Leistungs- und Kostenstellen (Leistungen für die Erzeugnisse)

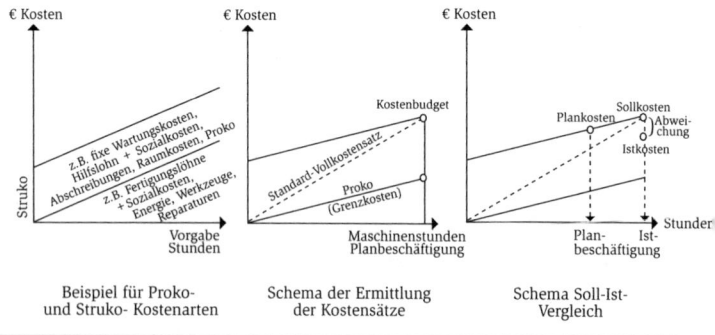

| Beispiel für Proko- und Struko- Kostenarten | Schema der Ermittlung der Kostensätze | Schema Soll-Ist-Vergleich |

Sekundäre Servicestellen (Leistungen für die Primärkostenstellen)

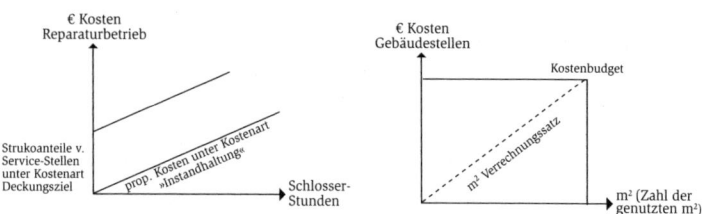

Abb. 2/1: Kalkulation der Standard-Produktkosten

Das Modell zeigt zunächst graphisch die Kalkulation des Produkts. Gesucht sind die Produktkosten/Grenzkosten; also diejenigen Kosten, die umso mehr entstehen, je mehr an Stückzahlen hergestellt und verkauft wird. Dieser Produktkostensatz/Grenzkostensatz (bezogen auf das einzelne Stück) bzw. diese Produktkosten/proportionale Kosten (bezogen auf eine bestimmte Stückzahl; Produktkosten/proportionale Kosten = Stückzahl mal Produktkostensatz/Grenzkostensatz je Stück) bestehen zunächst einmal aus dem Material nach Stückliste oder Rezeptur bzw. den Kosten der Auswärtsbearbeitung. Wäre die Unternehmung jetzt ein Handelsbetrieb, so würde die gestrichelte Linie der Materialeinsatz-Kalkulation mit der Linie der proportionalen Herstellkosten zusammenfallen.

Im Industriebetrieb mit eigener Produktion kommen die proportionalen Fertigungskosten dazu. Während man bei der Materialkalkulation unmittelbar vom Artikel ausgehen kann (Einzelkostencharakter) – vorausgesetzt natürlich, dass die Rezepturen und Stücklisten in Ordnung sind und die Einkaufspreise vorliegen – muss für die Kalkulation der Fertigungskosten erst ein Umweg über die Leistungs- und Kostenstellen gemacht werden. Auf der waagrechten Achse der Kostenstellendiagramme sind die Leistungsmaßstäbe angegeben – zumeist als Stundenleistungen. Dann wird bei der Kostenplanung (vgl. Band II, 9. Kapitel) festgelegt, wie viel Kosten in der Stelle einzusetzen sind, damit die betreffende Leistung erbracht werden kann; außerdem welche Kosten sich zur Leistung proportional verhalten, also umso mehr entstehen, je mehr Stunden geleistet werden. Die Grenzkosten sind die Produktkosten – »Proko« – die Fixkosten die Strukturkosten – »Struko«.

Für die Kalkulation ist dann der Arbeitsplan des Produkts erforderlich sowie die Belegungszeiten. Aus der Kostenplanung ergeben sich die Planproduktkostensätze, mit denen die Leistungseinheiten in der Kalkulation der Erzeugnisse multipliziert werden; kausal ins Produkt schlüpfend.

In der Darstellung ist auch ersichtlich, dass die so genannten primären Kostenstellen unmittelbar für die Erzeugnisse arbeiten, während die sekundären oder Servicestellen nicht »am Stück« tätig sind, sondern eine Service-Funktion für die primären Kostenstellen ausüben. Die sekundären Stellen »verkaufen« also ihre Kosten an die Primärstellen entweder direkt auf der Basis benötigter Stunden wie bei den Reparaturschlossern oder auf der Basis benötigter Quadratmeter wie bei der Gebäudestelle oder indirekt in Form einer zugeteilten »Vorhalteleistung« wie bei den Strukturkosten der Reparaturwerkstatt.

Eine Mittelstellung zwischen Materialkosten und Fertigungskosten nehmen kalkulationstechnisch die so genannten »Sondereinzelkosten« der Fertigung ein. Darunter sind zum Beispiel Schnitt-, Stanz- und Presswerkzeuge zu verstehen, die artikeltypisch unterschiedlich teuer sind und deshalb nicht im Durchschnitt innerhalb des Stundenkostensatzes etwa einer Friktionspresse angesetzt werden können. Sonst würde es der Controller so machen wie ein Chefarzt eines Krankenhauses, der auf die Idee kommt, sich die Temperatur seiner Patienten nur noch im Durchschnitt sagen zu lassen.

Checkliste der zur Kalkulation der Standard-Produktkosten notwendigen Arbeiten – Proko-Sätze

– Aufbau des Materialmengengerüstes der Artikel (Rezepturen für Rohstoffe, Halbfabrikate sowie Stückliste für Verpackungsmaterial in der chemischen, pharmazeutischen und Nahrungsmittelindustrie, Stückliste für Fertigungsmaterial, Bauteile und Baugruppen in der metallverarbeitenden Industrie).
  Einkaufspreise der Rohstoffe, Fertigungsmaterialien, Halbfabrikate und Bauteile.
  Standard-Produktkosten der eigen erstellten Halbfabrikate, Bauteile oder Baugruppen.
– Arbeitspläne für den Durchlauf der Erzeugnisse durch den Betrieb sowie die Belegungszeiten bei Maschinen und Mit-

arbeitern (Inanspruchnahme der Bezugsgrößen für die Leistungen der Kostenstellen).
- Bewertung der Belegungszeiten (Bezugsgrößeneinheiten) mit den Plan-Produktkostensätzen.
- Kalkulation der Standard-Produktkosten für Schnitt- und Stanzwerkzeuge oder Modelle.
- Klärung von Alternativen bei der Verfahrenswahl wie z.B. Eigenfertigung/Fremdbezug oder Maschinenbelegung.
- Planung von Erlösschmälerungen, Frachten, allgemeinen Verpackungskosten und etwaigen Lizenzen.

In den Produktkosten spiegelt sich die Material- und Produktionsstruktur eines Erzeugnisses. Produktkosten sind also ein technischer Begriff. Sie bilden eine Angelegenheit der Manager in Konstruktion, Forschung, Produktion und Einkauf. Außerdem gehören Produktkosten und Wertanalyse zusammen. Wertanalytische Verbesserungen wie Austausch von Materialien, günstigerer Einkauf, Konstruktionsvereinfachung und Rationalisierung der Produktion zielen auf eine Senkung der Proko bzw. auf ein Abfangen etwa von Lohnerhöhungen, um die Produktkostensätze konstant zu halten.

Seit ISO 9000 und folgende ist Produkt der Gattungsbegriff für jegliche Art von Erzeugnissen des Unternehmens. Demzufolge gilt dies auch für Dienstleistungserzeugnisse: Auch eine Seminardienstleistung ist ein Produkt. Die physische Existenz eines Produkts oder die technische Erklärung der Produktkosten ist dann sinngemäß zu interpretieren. Bei einem Seminardienstleister wie der Controller Akademie haben die KollegInnen in der »Produktion« und »Logistik« für jeden Seminartyp spezifische (»Stück«) Listen anhand derer die Seminare auszustatten sind. Zu den Materialkosten eines solchen Dienstleistungsprodukts gehören z.B. Bleistifte, Schreibblöcke, aber auch Zukaufteile wie Seminarbücher oder Fachzeitschriften wie z.B. das Controller Magazin. Die Produktion der Seminarmappen findet im Haus (Eigenfertigung) statt. Die Produktkosten dieser Baugruppe sind ebenso Bestandteil der Produktkosten des Seminars. Die eigentliche »Produktion« der Dienstleistung findet im Seminar vor Ort statt. Für jeden Seminartyp gibt es eine Art von Arbeitsplan, der einerseits qualitätsbestimmend ist und andererseits das Zeitgerüst definiert. Die Proko-Fertigung einer Seminardienstleistung entstehen demnach durch die Anzahl der Seminartage und die zu verrechnenden Tagessätze der Trainer. Unabhängig davon, ob die Trainer »Tagelöhner« sind oder Fixgehälter erhalten, ist ihr Seminar(»Fertigungs«)lohn proportional = Produktkosten.

Die Hinweise der Checkliste beziehen sich auf die Kalkulation der »Standard«-Produktkosten. Standardkalkulation ist immer dann möglich, wenn es sich um ein Serienprodukt handelt mit standardisierter Materialstruktur, festgelegtem Operationsplan und Vorgabezeiten für die einzelnen Maschinen und Arbeitsplätze (sinngemäß ein Standardseminar, das regelmäßig abgehalten wird). Das Gegenstück der Standardkalkulation wäre die Vorkalkulation von kundenproblemorientierten Einzelaufträgen. Zweifellos ist diese Kalkulationsaufgabe schwieriger, aber nicht wegen kostenrechnerischer Probleme, sondern weil die technischen Daten der Kalkulation nicht exakt festliegen; z.B. nur ein Zeichnungsentwurf vorliegt, aber noch keine Detailkonstruktion mit der daraus folgenden Stückliste.

Fallbeispiele für die Abwägung zwischen Produkt- und Strukturkosten (Grenz- und Fixkosten)

Beim Material ist es klar; schwieriger ist es bei den Fällen typischer Kuppelproduktion. Sonst sind es die Tätigkeitenbilder, die maßgeblich sind für die Festlegung von Produkt- oder Strukturkosten. Ist es eine Activity im Herstellungsprozess physischer Existenz des zu verkaufenden Produkts; oder eine Aktivität im Prozess des Bemühens um …

1. Beispiel:
Eine Maschinenfabrik, die sich als »Problemlöser« sieht und nach Kundenwunsch Maschinen baut, muss zunächst einmal auf Grund grober Angaben eine Offerte machen. Auch die Mit-

bewerber werden zu Angeboten aufgefordert. Ob der Auftrag kommt, weiß man noch nicht. Die Kosten der Projektanden und der Offerterstellung wären als Strukturkosten (fix) anzusehen – wie überhaupt in technischen Firmen die Engineeringkosten ähnlich zu sehen sind wie die Werbe-Etats in der Markenartikelindustrie – Struko: ein sich Bemühen um ...

Kommt der Auftrag ins Haus, so beginnt jetzt erst die Arbeit der Detailkonstruktion. Es entstehen Stunden von Konstrukteuren sowie Zeichnern; und zwar zusätzlich für den betreffenden Auftrag – außerdem für manche Aufträge mehr und für andere weniger. Diese Stunden würden wir als Controller zu den Produktkosten/Grenzkosten nehmen; bewertet u.a. mit jenem Teil des Konstrukteurgehalts, der den auf die Aufträge gearbeiteten Stunden entspricht. Dass die Konstrukteure Gehaltsempfänger sind, gehört im Informations-System einer anderen Dimension an. Die Produktkosten müssen unabhängig von den Anstellungsverträgen die Verbrauchsfunktion eines Produkts oder Auftrags zum Ausdruck bringen. Ohne die Konstruktionsarbeit existiert die Maschine nachher nicht. Die Stunden der Detailkonstruktion sind kausal (»weil«) durch den Auftrag bedingt, während die Projekt- und Offert-Ingenieure arbeiten, damit Aufträge ins Haus kommen. An der Grenze zwischen »weil« (kausal) und »damit« (final) liegt auch die Trennlinie zwischen den Produkt- und Strukturkosten (Grenz- und Fixkosten).

2. Beispiel:
Ein Beratungsunternehmen möchte ein neues Geschäftsfeld erschließen. Dem Controlling des intellektuellen Kapitals werden gute Zukunftschancen eingeräumt. Zuerst wird ein »Standard-Tool« zum Aufbau einer Wissensbilanz konzipiert. Die Entwicklung einer dazu passenden Software wird in Auftrag gegeben. Ein Team von Beratern wird intern und extern geschult. All diese Kosten sind eindeutig Strukturkosten ähnlich wie die Forschungs- und Entwicklungskosten eines pharmazeutischen Unternehmens.

Die erforderlichen Beratertage, die nötig sind, um für einen ersten Kunden eine Wissensbilanz aufzustellen, sind nun die Produktkosten (Gestehungskosten zur Erstellung der Wissensbilanz). Sie fallen auch als Einzelkosten an, sofern die Berater ihre Tage auch einzeln auf das Projekt schreiben (erfassen). Es geht hier wiederum um eine Verbrauchsfunktion für ein Dienstleistungsprodukt. Gegebenenfalls dazukommende Softwareanpassungszeiten würden wir ebenso als Produktkosten kalkulieren. Auch hier gilt das Gesetz der Kausalität. Der Auftrag kommt mit der Folge von zusätzlichem Aufwand für die Anpassung der Software an die Besonderheiten des Unternehmens.

Drei Kostenbegriffspaare – simultan existierend

Es empfiehlt sich, wenn man in der praktischen Diskussion die folgenden drei Begriffspaare auseinander hält:

I. Produktkosten/Strukturkosten – Proko/Struko (Grenzkosten/Fixkosten)
Kontrollfrage: Was ändert sich kausal durch das Produkt (die Sache Erzeugnis)?

II. Einzelkosten/Gemeinkosten oder Direkte Kosten/Allgemeine Kosten
Kontrollfrage: Was lässt sich mit Beleg direkt oder einzeln erfassen (kontieren)?

III. Beeinflussbare Kosten/Nicht beeinflussbare Kosten
Kontrollfrage: Was kann der Manager (die Person) bei den Kosten ändern mit Rücksicht auf Zeit und Hierarchie (Kompetenz)?

Vor allem ist darauf hinzuweisen, dass direkte Kosten oder Einzelkosten mit Produktkosten nicht identisch sind. Produktkosten/Grenzkosten sind Kosten, die durch das Produkt dazu kommen, wenn zusätzliche Einheiten hergestellt werden. Einzelkosten sind solche, die sich vom Buchhalter einzeln oder direkt kontieren lassen. Auch Strukturkosten können Einzelkosten sein; etwa der Werbe-Etat eines Artikels in der Markenartikelindustrie oder das Gehalt eines Produkt-Managers. Andererseits gibt es Produktkosten, die erfassungstechnisch gegenüber dem Produkt Gemeinkosten darstellen; z.B. Energieverbrauch, Reparaturen, Werkzeugverschleiß und Hilfsstoffeinsätze (sie sind nur Einzelkosten relativ zur Kostenstelle, nicht zum Kostenträger; sie verhalten sich proportional zu den geleisteten Stunden).

Ferner sind die so genannten Fixkosten nicht unverändert fix. Der Manager kann auch Strukturkosten/Fixkosten beeinflussen, manche auf die kurze Frist; andere nur langfristig. Deshalb ist der Begriff »variable« Kosten nicht so günstig. Auch Fixkosten machen Sprünge; z.B. zusätzliche Werbekosten, Verkaufsförderungsetats, neue Mitarbeiter im Außendienst, im Innendienst, Investitionen, zusätzliche Forschungs- und Entwicklungskosten. Um Missverständnissen vorzubeugen, empfehlen wir den Begriff der Strukturkosten. Diesen Sprung hat aber nicht das Produkt verursacht, sondern ein Manager, der diese Maßnahmen für nötig hielt. Beeinflussen lassen sich natürlich auch die Produktkosten: durch Wertanalyse. Dadurch senkt sich die Proportionalkostenlinie; sie verläuft flacher.

Controller's Kostenwürfel

Die »Turbulenzen« auf diesem Gebiet sind vor allem dadurch entstanden, dass die 3 Kostenbegriffspaare ausgetauscht verwendet worden sind – und noch werden. Typisch dafür ist die Äußerung: »Langfristig sind alle Kosten proportional«. Da wäre eine gelbe Karte fällig. Er sagt »proportional« und meint beeinflussbar. Die Schwierigkeit entsteht deshalb, weil die 3 Perspektiven bei den Kosten gleichzeitig gültig sind.

Deshalb ist das Bild eines morphologischen Kastens fällig. Ein solcher morphologischer Kasten gehört ja zur Kreativitätstechnik. Er soll verhindern, dass man einfach zu einem »ja klar« durchstürzt, und erreichen, dass man die Suchbewegung des

Fragezeichens macht, ob es nicht Kombinationen gibt, die man zunächst erst mal übersehen hätte.

So ist der Kostenwürfel in Abbildung 2/2 ein morphologischer Kostenkasten. Er verknüpft die Perspektiven Produkt- und Strukturkosten mit der Beeinflussbarkeit kurzfristig und längerfristig sowie mit der Erfassbarkeit als Einzelkosten.

Das älteste Orientierungspaar im Kostenwürfel sind Einzelkosten und Gemeinkosten. Das stammt aus der Buchhaltung. »Einzel«-Kosten sind solche, die einzeln mit Beleg erfassbar sind – relativ zu Artikel, Artikelgruppe, Kostenstelle, Kostenstellengruppe.

Die senkrechte Achse in Abbildung 2/2 – die Zuteilung zu Produkt- und Strukturkosten – ergibt sich aus dem Anspruch, eine Deckungsbeitragsrechnung zu führen. Dabei sollte strikt definitionstechnisch gesagt werden, dass Produkt(Grenz)kosten jene Kosten sind, die das auf dem Markt zu verkaufende Produkt zu sich selbst braucht, damit es physisch existiert. Darin liegt der Grund für die Proportionalität. Produktkosten sind also die Kosten, die die physische Existenz eines Produkts ausmachen. Sozusagen die Strukturformel eines Chemikers in ökonomischer Kategorie. Nicht die gedankliche Existenz, die Kosten der Entwicklung gehören in die Strukturkosten. Physische Existenz wäre die Ausformung in der Produktion beziehungsweise die Warenbeschaffung im Handel; deshalb »Proko« – Produktkosten.

Strukturkosten dagegen drücken die »Infrastruktur« des organisatorischen »Gehäuses« aus. Abgesehen vom Hilfswerkzeug »weil« und »damit« kann man sich auch mit der Frage behelfen: Was schlüpft ins Produkt, weil es physisch existiert? Das sind die Produktkosten/Grenzkosten. Was bemüht sich ums Produkt? Das sind die Strukturkosten/Fixkosten. Bloß – je mehr man sich bemüht, umso größer ist auch das Paket der Struko.

Die Struktur der Gewinn-Zielsetzung

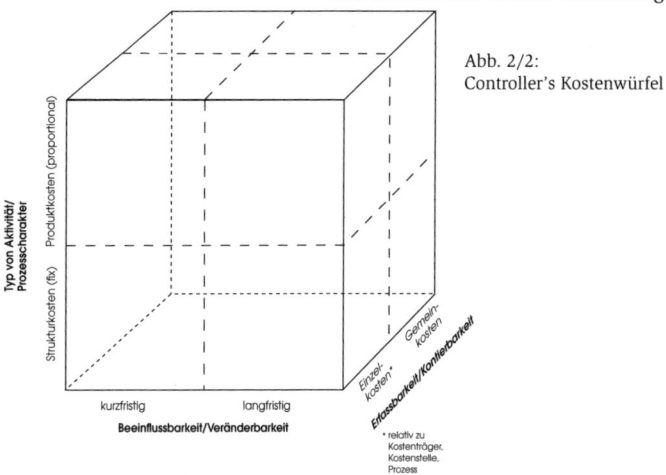

Abb. 2/2:
Controller's Kostenwürfel

Auf der waagrechten Achse des Kostenwürfels in Abbildung 2/2 befindet sich die Beeinflussbarkeit nach kurzfristig und längerfristig. Bei den Personalkosten spielt der Salärvertrag oder die Kündigungsfrist für die Zuordnung nach Produkt- oder Strukturkosten überhaupt keine Rolle. Dies ist das Thema der Beeinflussbarkeit. Ob sie Bestandteil der Produktkosten/Grenzkosten oder Strukturkosten/Fixkosten sind, richtet sich nach der Tätigkeit: Ist es eine Tätigkeit im Herstellprozess des zu verkaufenden Produkts? Oder eine Tätigkeit im Sinn von Regieführung, Ordnung halten, für Unterlagen sorgen? Activity based cost! Aber natürlich kann man auch für die Strukturkosten/Fixkosten Bezugsgrößen bilden wie Zahl der Briefe, Zahl der Bestellungen, Zahl der Aufträge abgewickelt – und sogar Tarife dafür berechnen. Das sind aber keine Produktkostensätze, sondern Strukturkostentarife (z.B. für produktspezifische Kalkulation von Solldeckungsbeiträgen, für innerbetriebliche Leistungsverrechnung der Servicestellen und für eine Kundenergebnisrechnung).

Controller's Kostenwürfel ist ein Orientierungsschema zur Kostenberichterstattung. Der Merksatz, der sich daraus ergibt, lautet: Kosten möglichst einzeln erfassen für jemand, der zuständig ist, und daraus Maßnahmen ableitet, die kurz- oder längerfristig das Produkt oder die Organisation verbessernd ändern.

Deshalb wird auch das Thema Produktkosten/Grenzkosten viel zu oft verbunden mit der Idee der Preisuntergrenze. Natürlich ist es dafür auch nötig in dem Sinne, dass die dazu kommenden Kosten für die physische Existenz des Produkts und der dazu kommende Erlös, den dieses Produkt aus dem Markt holt, mindestens identisch sein müssen. Bloß »Dauerbrenner« einer Information aus den Produktkosten ist die produktbezogene Wertanalyse. Eine Schraube am Produkt zu viel bedeutet zu hohe Produktkosten. Lässt man sie weg, spart man etwas in der Stückliste, im Arbeitsplan. Die Schraube im Kopf zu wenig hingegen bedeutet zu hohe Strukturkosten. Jeder denkt nur an sich, die Kooperations-»Schraube« fehlt und die Unvernunft trifft sich im Lager.

Proportionale Vertriebskosten – für das physische Verbringen des Produkts zum Kunden – sollte man besser wie Erlösschmälerungen behandeln. Hinter den Produktkosten steckt dann die Produktversorgung in Produktion und Einkauf; deshalb das Wort »Produktkostensatz«.

»Verkauf« der Gewinnzielsetzung im Break-Even-Diagramm

»Our president is not figure-minded«, sagte einmal ein amerikanischer Controller. Er will also von Zahlen nichts wissen. Wenn ich ihn demnach motivieren will für Ziele und Konsequenzen in Zahlen, muss ich ihm ein Schaubild machen. »He watches like a hawk«. Darüber wacht er wie ein Raubvogel. Also: Auch der Controllerbereich muss für seine Zahlen-Informationen Marktforschung treiben und Probleme der Verpackungsgestaltung lösen. Jedenfalls lässt sich die Zielsetzung Gewinn in Form des folgenden Break-Even-Schaubilds besonders gut und eindrucksvoll graphisch verpacken.

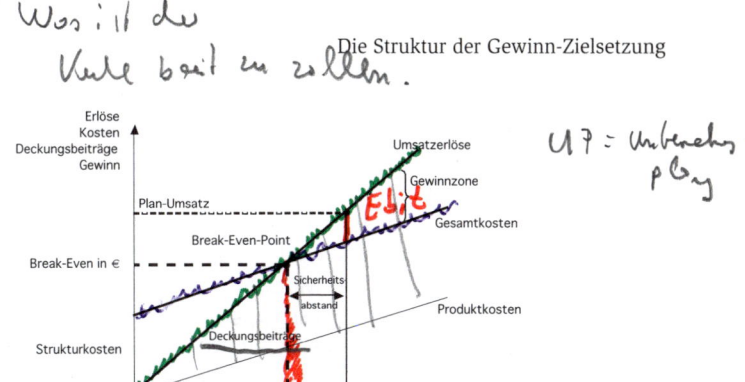

Abb. 2/3: Break-Even-Diagramm

Auf der waagrechten Achse ist die Mengenleistung angegeben; z.B. der Absatz in Tonnen. Auf der senkrechten Achse erscheinen Erlöse, Kosten, Deckungsbeiträge und Gewinn. Die Linie der Umsatzerlöse (Netto-Umsatz) hat einen Anstieg in Form des durchschnittlichen Verkaufserlöses je Tonne. Zwischen der Erlöslinie und der Linie der Produktkosten bildet sich die Schere des Deckungsbeitrags. Er ist zu definieren als Überschuss des Erlöses über die Produktkosten; ist seinem Wesen nach ein Umsatzbegriff. Aus dem Umsatzüberschuss im Sinne des Deckungsbeitrags können die Strukturkosten abgedeckt werden. Das ist beim Break-Even-Punkt erreicht. Dort ist die Summe der Deckungsbeiträge gerade so groß wie der Block der Strukturkosten. Break-Even-Punkt könnte deshalb mit »Gerade-eben-Punkt« verdeutlicht werden (Erlös- und Kostenfunktion identisch). Rechts vom Break-Even-Punkt beginnt die Gewinnzone – und zwar sind dort die vollen Deckungsbeiträge Gewinn. Wenn ein alter Praktiker sagt, er mache seinen Gewinn im Weihnachtsgeschäft, so illustriert das Schaubild, was er meint. Die Deckungsbeiträge der Umsatzstrecke des Weihnachtsgeschäfts liegen in der Gewinnzone.

Wesentlich ist also, dass man nicht sagen kann: Deckungsbeiträge seien »Strukturkosten plus Gewinn«. Es ist so, dass die Erlösüberschüsse »Deckungsbeitrag« (amerikanisch »contribution«)

hergenommen werden, um bis zum Break-Even die Struktur-kosten zu decken. Danach sind die ganzen Deckungsbeiträge Gewinne. Außerdem zeigt das Diagramm, dass es Gewinne pro Stück des Artikels aus der Natur der Sache heraus nicht gibt. Nur die »Rechner« bringen solche Stückgewinne zustande, indem sie die Strukturkosten »umlegen« (das Kostenträgerdenken kann auch diese Weise zur Untugend werden). Häufig haben sie sich dann auch prompt etwas in die Tasche gerechnet. Gewinne sind als Ziel der Unternehmung in einem Zeitraum zu definieren und nicht als Gewinne pro Stück. Allenfalls für die sogenannten »Profit Centers« lassen sich »Sub-Gewinne« als Zielsetzungen aufstellen; praktisch aber nicht als Gewinn, sondern als Deckungsbeiträge II oder III. Also sind es »Contribution Centers«.

Rechnerisch ergeben sich die Break-Even-Points:

a) in T€ Umsatz:
$$\frac{\text{Strukturkosten}}{\text{Deckungsbeitrag in \% vom Erlös}} \cdot 100$$

b) in Stück oder Tonnen:
$$\frac{\text{Strukturkosten}}{\text{Deckungsbeitrag je Einheit}}$$

Der Sicherheitsabstand ist zu errechnen:

$$\frac{\text{Plan-Absatz} - \text{Break-Even-Absatz}}{\text{Plan-Absatz}} \cdot 100$$

Etappen-Ziele bei der Gewinnzielsetzung

Zur Erläuterung der Struktur der Gewinnzielsetzung bewährt sich folgendes Check-Point-System bei der Formulierung des Break-Even-Punkts als »objective« (Abbildung 2/4).

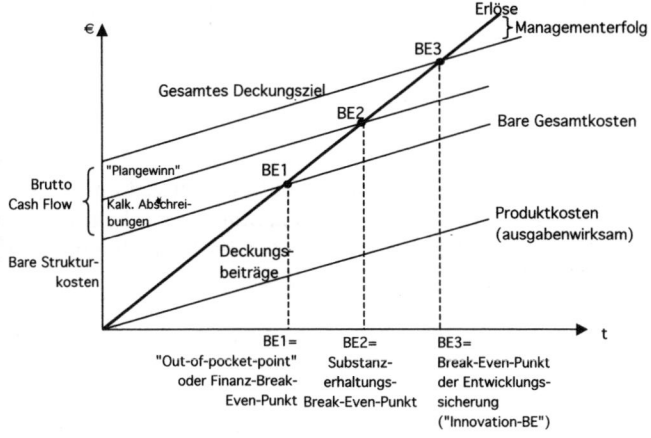

Abb. 2/4: Break-Even-Diagramm mit Zwischenzielen

Zunächst ist bei den Strukturkosten der Teil der ausgabewirksamen Strukturkosten wie Gehälter, Mieten, Werbekosten, Bürospesen, Beiträge usw. separat gekennzeichnet. Daraus ergibt sich – wenn in den Produktkosten keine Abschreibungen enthalten sind – zunächst eine Art Bar-Break-Even-Point oder »Out-of-pocket-point«. Wenn dieser Punkt nicht erreicht werden sollte, schlingert die Unternehmung in finanzielle Gefahr. Man könnte auch vom »Roten-Telefon-Punkt« sprechen. Hier brauchen Controller und Treasurer engste Tuchfühlung. Der nächste Break-Even-Point signalisiert, dass auch das Deckungsziel für die kalkulatorischen Abschreibungen erreicht ist. Er könnte als Break-Even-Point der Substanzerhaltung bezeichnet werden. In dieser graphischen Darstellung wird auch besonders deutlich, dass Abschreibungen nichts anderes darstellen als eine Zielsetzung an Deckungsbeiträgen zur Finanzierung neuer Investitionen aus Abschreibungen; man könnte auch von einem Binden von Deckungsbeiträgen durch Abschreibungen sprechen.

Gewinne sind nicht nur Ergebnis, sondern auch Ziel. Deshalb sollte auch im Break-Even-Diagramm der Gewinn nicht einfach als Zone ausgewiesen sein, in die man schließlich kommt, sondern es muss ein Plangewinn als Anspruch aufgestellt werden. Daraus entsteht das gesamte Deckungsziel, das beim Break-Even 3 erreicht ist.

Man könnte ihn als Break-Even-Punkt der Entwicklungsfähigkeit definieren, weil zur Finanzierung des »E« im Leitbild Gewinn nötig ist. Der Break-Even 3 ist der Budget-Zielpunkt; hier wird das Budget als zielführend verabschiedet.

Die verbleibende Zone rechts vom Break-Even 3 ist mit »Management-Erfolg« gekennzeichnet. Management-Erfolg besagt, dass die Gewinnzielsetzung überschritten werden konnte. Wie beim Hochsprung. Beim gesamten Deckungsziel liegt die Messlatte. Ein positiver Management-Erfolg bedeutet: »darüber gesprungen«. Liegt das Resultat nachher zwischen Break-Even 2 und Break-Even 3, so würde in der Management-Erfolgsrechnung eine Minus-Position auftauchen, die aber noch nicht Verlust bedeutet, sondern nicht erreichtes Ziel. Wird das Budget beim Break-Even 3 als »Budget-Ziel-Punkt« verabschiedet, ist der Management-Erfolg = 0 (Objective). Ist ./.Ziel = 0 bedeutet Zielerfüllung.

Die betriebswirtschaftliche Diskussion in der letzten Dekade des letzten Jahrtausends war geprägt durch Themen rund um eine – amerikanische Diktion: Value Based Management. Zunächst sei hier klar gestellt, dass der Begriff Wert in dieser Diskussion einen ausschließlich monetären Bezug aufweist. Ethische Werte wie Freiheit, Gerechtigkeit oder Brüderlichkeit (Werte der französischen Revolution: Liberté, égalité, fraternité) und ihre Bedeutung im sozialen Kontext eines Unternehmens blieben zunächst ausgeklammert.

Die methodischen Ansätze zur Ermittlung eines Unternehmenswerts haben sich durch die beteiligten Unternehmensberatungen sehr vielschichtig entwickelt. Besondere Resonanz erfuhr die Methode des »Economic Value Added™« von Stern/Stewart oder kurz und einprägsam genannt EVA™. Das Überspringen einer Kapitalkostenhürde (»hurdle rate«) in einer bestimmten Höhe wird zum Zielmaßstab. Die Kapitalkosten werden ermittelt auf Basis der »Weighted Average Cost of Capital« = WACC (siehe dazu letzter Abschnitt Kapitel 2).

Nun ist also mehr zu erwirtschaften als ein Management-Erfolg von 0, sofern der in Kapitel 1 ermittelte Gewinnbedarf den Kapitalkosten entspricht. Ein Unternehmen, das lediglich seine Kapitalkosten erwirtschaftet, so die Logik, leistet keinen Beitrag zur Steigerung des Unternehmenswerts. Oder der ausgewiesene Plangewinn wird um einen Betrag X höher angesetzt als die zugrunde gelegten Kosten.

Wird also der EVA zur ausgewiesenen Zielgröße und wird dieser EVA™ im ablaufenden Geschäftsjahr tatsächlich erreicht, so kann es passieren (so beobachtet in der Praxis), dass es im nächsten Jahr nicht mehr genügt diesen EVA™ zu erzielen. Also strebt man eine Steigerung des EVA um X% an (auch so beobachtet). Schafft man jetzt diesen so bezeichneten Delta-EVA, dann kann es im nächsten Geschäftsjahr passieren, dass auch dieser im Vorjahr realisierte Delta-EVA den Anforderungen (der Analysten und Fondsmanager) nicht mehr genügt. Der Leser ahnt vielleicht schon wie die Geschichte weiter und vielleicht zu Ende geht. Irgendwann müssen die beteiligten Manager die 100m in 0,0 Sekunden laufen. Das geht selbst mit Doping (= Bilanzbetrügereien) nicht.

Im Kapitel 1 favorisierten die Verfasser den Begriff Gewinnbedarf. Bedarf kommt von Bedürfnis: Was also ist am Gewinn nötig zur Erhaltung der Unternehmensexistenz? Die Festlegung eines angemessenen Zielanspruchs ist im Top Down-Bottom Up-Ansatz von vielen Faktoren abhängig und sollte nicht einseitig am Kapitalmarkt ausgerichtet werden.

»Return on Investment« und »Cash Flow«

Wie wird der Plangewinn des Diagramms definiert? Er folgt der Zielkennzahl: 15% Kapitalertrag vor Steuern und Fremdzinsen (vgl. 1. Kapitel). Diese 15% sind auf das investierte Kapital zu beziehen. Es steht links in der Bilanz. Auf der Aktivseite der Bilanz steht das Vermögen, das im Unternehmen arbeitet: Grund und Boden, Gebäude, Maschinen, Ausstattung, Lager an Fertig- und Halberzeugnissen, Rohstoff- und Materiallager, Kundenaußenstände, flüssige Mittel. Mit dem im Unternehmen arbeitenden Kapital gemäß Aktivseite der Bilanz wird der Ertrag erwirtschaftet. Deshalb muss sich die Zielsetzung des Kapitalertrags auf die Aktivseite der Bilanz beziehen. »Return on Investment« – abgekürzt ROI – das amerikanische Wort für Kapitalertrag unterstreicht das: »Was auf die Investition zurückkehrt.« Wer das Kapital bezahlt hat, steht rechts in der Bilanz: Eigenkapital bestehend aus Aktienkapital und Rücklagen (in der Inhaberfirma das Kapitalkonto), Fremdkapital in Form von Rückstellungen, Bankschulden, Darlehensschulden, Verbindlichkeiten an Lieferanten, Anzahlungen von Kunden. Gemäß Passivseite der Bilanz ergibt sich, wer auf den erwirtschafteten Kapitalertrag Anspruch hat (Stichwort Kapitalkosten): Der Fremdkapitalgeber in Form der Zinsen. Der Eigenkapitalgeber hat zwar keinen Anspruch auf Dividende und dennoch hat eine kontinuierliche Dividendenpolitik einen vergleichbaren Bedingungscharakter für Publikums-Aktiengesellschaften. Die Dividendenrendite (Verhältnis Dividende zu Aktienkurs) ist ein wichtiger Gradmesser zur Beurteilung der Attraktivität eines Aktieninvestments.

Angenommen, die Bilanzsumme beträgt 100 Millionen. Beläuft sich der Kapitalertrag auf 15% vor Steuern und Zinsen, so ergibt sich im Break-Even-Diagramm für den Plangewinn ein jährliches Deckungsziel in Höhe von 15 Millionen. Aus diesem Fonds sind zu decken: die gewinnabhängigen Steuern, die Zinsen an das Fremdkapital, die Zahlung der Dividende bzw. die Privatentnahmen in Inhaberfirmen und Personengesellschaften, die Stärkung der Rücklagen. Die letzte Position sowie eventuell der ausdrücklich in der Bilanz stehende Gewinnvortrag stellen den einbehaltenen Gewinn dar. Die Verfasser favorisieren den Return on Investment als Zielkennzahl. Jedes Investment ist angemessen zu verzinsen unabhängig davon, in welcher Form es investiert und wie es finanziert ist. Die unterschiedlichsten methodischen Sichtweisen innerhalb der wertorientierten Unternehmensführung bevorzugen modifizierte Kapitalertragsziele in Form eines Return on Capital employed (ROCE) oder Return on Net Assets (RONA). Beginnt man also bestimmte Teile der Aktivseite herauszusaldieren, so gibt es hierfür unterschiedliche Beweggründe.

Zum einen gehen die Überlegungen in Richtung betriebsnotwendiges Vermögen (Capital employed), d.h. nur jene Teile der Aktivseite sollen berücksichtigt werden, die dem Betriebszweck dienen. Demzufolge sind z.B. Finanzanlagen und das Konto Flüssige Mittel nicht mehr Bestandteil der zu verzinsenden Assets insbesondere dann, wenn der Return als EBIT (Earning before interest and taxes) ausgewiesen ist. Ein aus den oben genannten Positionen resultierendes Finanzergebnis wäre ja auch nicht Bestandteil des EBIT.

Häufig werden zudem noch nicht verzinsliche Passiva (das so genannte Abzugskapital) in Abzug gebracht. Insbesondere die immer häufiger zu findende – von den Kapitalkosten geprägte – Definition des Working Capital. Zur besseren Abgrenzung sei hier von einem Net Working Capital (NWC) oder im amerikanischen Unternehmen auch von »managerial working capital« gesprochen, wenn von der Summe der Vorräte und Forderungen aus Lieferungen und Leistungen die Lieferantenverbindlichkeiten abgezogen werden. Wird zur Reduktion der Kapitalkosten ein NWC von Null oder gar ein negatives NWC angestrebt, dann herrscht hier wohl die Vorstellung, dass einem der Lieferant das Working Capital finanzieren könnte. Manch ein Mittelständler stöhnt beim Lesen dieser Zeilen möglicherweise auf und klagt über die Zahlungskonditionen mancher Großkonzernkunden.

In Richtung Net Assets bewegt man sich nun, wenn noch weitere nicht honorierbare Passiva in Abzug gebracht werden. Hierzu zählen insbesondere die Anzahlungen von Kunden und gegebenenfalls Steuerrückstellungen. Zu beachten bleibt, dass durch die Vielzahl unterschiedlichster Definitionen von Kapitalertragszielen ein zwischenbetrieblicher Vergleich erschwert wird. Controller als Zielfindungsbegleiter mögen darauf achten, dass innerhalb des Unternehmens ein und dieselbe Definition verwendet wird.

Cash Flow – die finanzielle Manövriermasse – besteht aus Abschreibungen und Gewinn. Im Break-Even-Diagramm ist Cash Flow jeder Deckungsbeitrag rechts vom »out-of-pocket-point«. Allerdings handelt es sich hier um einen Brutto Cash Flow. Um zum Netto Cash Flow zu gelangen, sind die Steuern, Fremdzinsen, Dividenden bzw. Entnahmen abzusetzen. Der Netto Cash Flow besteht also aus den verdienten Abschreibungen, dem einbehaltenen Gewinn zur Stärkung der Rücklagen sowie den Netto-Zuführungen zu langfristigen Rückstellungen etwa für Pensionen.

Immer häufiger wird zur Beurteilung der Finanzkraft eines Unternehmens der EBITDA = Earnings before interest, taxes, depreciation and amortization herangezogen. Das entspricht eher einer Betrachtung im Sinne des »Brutto Cash Flow«. Es soll gezeigt werden, welcher Cash aus dem Geschäft generiert wird. Die Amortization sind die Abschreibungen auf den Good Will von erworbenen Unternehmen. Good Will entsteht, wenn der Marktwert über dem Buchwert eines erworbenen Unternehmens liegt. Gefährlich kann es werden, wenn durch die Finanzierungslasten der EBIT nicht mehr ausreicht, um die Zinsen zu bezahlen. Das Unternehmen macht Verlust und muss seine Investitionen aus den Abschreibungen finanzieren. Insofern ist Vorsicht geboten bei dieser Art der Saldierung und sollte nur in Klammern von Cash Flow gesprochen werden. Sonst landet man eines Tages beim »EBAC« = Earnings before all costs!!!

Wichtige Begriffe zur Planung der Gewinnstruktur – gemäß IGC-Wörterbuch 2005

Break-Even-Analyse

Break-Even oder Nutzschwelle bezeichnet jenes Absatz- oder Umsatzvolumen, ab dem ein Unternehmen in die Gewinnzone gelangt. Bis zur Erreichung des Break-Even-Punkts werden alle Deckungsbeiträge von den anfallenden Strukturkosten des Betriebs aufgefressen. Erst ab der Nutz- oder Gewinnschwelle resultiert kumuliert ein Überschuss der Verkaufserlöse über die gesamten Kosten. Break-Even kann in drei Stufen erreicht werden:

- **Bar-Break-Even** (out of pocket): Die eingebrachten Verkaufserlöse decken sämtliche proportionalen und alle liquiditätswirksamen Strukturkosten
- **Break-Even** der Substanzerhaltung: Die Verkaufserlöse decken auch die kalkulatorischen Abschreibungen/Kosten
- **Ziel-Break-Even:** Die Verkaufserlöse decken sämtliche Kosten inklusive dem geplanten Gewinn.

Cash Flow

Cash Flow ist ein Umsatzüberschuss über die liquiditätswirksamen Aufwendungen aus der betrieblichen Tätigkeit eines Unternehmens und damit sowohl ein Indikator für die Ertragslage eines Betriebs als auch für seine Innenfinanzierungskraft. Je nach Analyse- und Auswertungszweck werden verschiedene Cash Flow-Begriffe unterschieden. Zuerst ist festzulegen, ob die Betrachtungen mit oder ohne Berücksichtigung außerordentlicher und neutraler Geschäftsfälle vorgenommen werden sollen; hier wird nur die ordentliche Rechnung beachtet. Sodann ist zu entscheiden, von welchem Fonds man ausgehen will, da diese Entscheidung darüber bestimmt, welche Bewegungen als liquiditätswirksam zu betrachten sind. Unter einem Fonds ist der Saldo von einem oder mehreren Bilanzkonten zu verstehen, mit welchem die Liquiditätsveränderung gemessen werden soll:

- Der Fonds Nettoumlaufvermögen ist zu wählen, wenn man den Brutto-Cash Flow (= Cash Flow I) berechnen will. In diesem Fall betrachtet man diejenigen Aufwands- und Ertragspositionen als liquiditätswirksam, die eine Veränderung des Nettoumlaufvermögens (NUV) zur Folge haben. Cash Flow wirksam sind somit Buchungen, deren eines Konto das Umlaufvermögen oder die kurzfristigen Schulden (inkl. kurzfristiger Rückstellungen) verändert, während sich das andere in der Gewinn- und Verlustrechnung findet. Der Brutto – Cash Flow ist in Europa die meist genutzte Cash Flow-Größe, weil sie es erlaubt, mittel- bis langfristige Finanzpläne zu erstellen, ohne im Einzelnen zu wissen, wie sich die Forderungs- und die Lagerbestände sowie die kurzfristigen Schulden verändern werden. Im allgemeinen Sprachgebrauch wird Brutto-Cash Flow mit Cash Flow gleichgesetzt.

- Der engste gebräuchliche Fonds – liquide Mittel netto – umfasst alle Konten des Geldvermögens (Cash and Cash Equivalents net). Als Liquidität werden somit nur noch Geld und geldnahe Bestände (Wertschriften) betrachtet und die Liquiditätszunahme stimmt in dieser Betrachtung mit der Veränderung der Geldkonten überein. Diese Cash Flow-Größe wird vornehmlich in USA verwendet. Auch hier gilt, dass die eine Seite der Buchungen den Fonds und die andere Seite die Gewinn- und Verlustrechnung tangieren muss.

Deckungsbeitrag

Der Deckungsbeitrag bezeichnet einen Überschuss einer Erlösgröße über diejenigen Kosten, die dieser eindeutig und ohne Schlüsselung von Strukturkosten gegenübergestellt werden können. Deckungsbeitrag I, auch DB I, errechnet sich, indem vom Nettoerlös die proportionalen Herstellkosten (Produktkosten) abgezogen werden. Der DB I zeigt an, wie viel der einzelne Artikel, das Produkt etc., zur Deckung der Strukturkosten eines Unternehmens sowie zur Erzielung von Gewinn beitragen. Er ist die maßgebliche Größe für die Produktbeurteilung. Im Handel entspricht der Deckungsbeitrag I der Differenz zwischen dem

Verkaufspreis netto und dem Einstandspreis eines Gutes und wird als Handelsspanne bezeichnet.

Economic Value Added EVA™

Economic Value Added ist eine jahresbezogene Rentabilitätsgröße, die in erster Linie aus Aktionärssicht zeigt, ob Unternehmen Werte schaffen. EVA ist primär auf die Erhöhung der Gesamtrentabilität für den Aktionär ausgerichtet, will aber auch als Ziel- und Anreizsystem für das Top Management dienen können (Performance Measurement). EVA soll dazu führen, die Unzulänglichkeiten von jahresbezogenen Kennzahlen wie zum Beispiel dem ROI zu beheben und damit auch diejenigen Manager richtig zu beurteilen, die langfristige Werte schaffen, welche sich zuerst in Aufwand und erst in den Folgejahren in höheren Gewinnen niederschlagen. Werte entstehen dann, wenn die Differenz zwischen Gewinn und marktgerechten Kapitalkosten positiv ist, das heißt, die erreichte Rentabilität höher ist als die gewichteten Kapitalkosten. Zur Berechnung der Kapitalkosten wird wie beim Shareholder Value der gewichtete Kapitalkostensatz WACC (Weighted Average Cost of Capital) als marktgerechte Verzinsung herangezogen. Als Gewinngröße wird der Gewinn nach Ertragsteuern, aber vor Zinsen, verwendet, der jedoch noch korrigiert werden muss. Man betrachtet auch Aufwendungen in Forschung und Entwicklung, in Marketing, in Produkteinführung und viele andere Elemente als Wert schaffend. Deshalb werden die Aufwendungen für Leistungen dieser Art zum herkömmlichen Gewinn dazugezählt und über mehrere Jahre abgeschrieben. Die Abschreibungen werden von der aufgewerteten Gewinngröße wieder abgezogen. Da der Jahresgewinn so höher wird als der Reingewinn, sind auch die Ertragsteuern anzupassen. Es ergibt sich folgende Formel:

EVA = NOPAT (Net Operating Profit After (adjusted) Taxes)
   – WACC x Net Operating Assets

Economic Value Added kann somit auch als Übergewinn (über die marktgerechte Verzinsung) bezeichnet werden.

Erwartungsrechnung

Die Erwartungsrechnung ist die logische Fortsetzung des Soll-Ist-Vergleichs. Darin werden die Erwartungen der Führungskräfte für die verbleibende Planperiode abgefragt, quantifiziert und qualifiziert, um zu erkennen, ob es bis zum Jahresende (oder bis zum Planende) gelingen wird, die festgelegten Ziele zu erreichen. Gesucht wird das voraussichtliche Ist im Vergleich zum vereinbarten nach wie vor gültigen Ziel; weshalb man auch von einer Ist-Wird-Rechnung spricht. Auf der Basis der bisher erreichten Resultate, der gewonnenen Erfahrungen und des noch verbleibenden Plans überlegen sich die Führungskräfte Korrekturmaßnahmen und deren Auswirkungen. In Zusammenarbeit mit Controllern werden die quantifizierten Erwartungen von Kostenstellen, Kostenträgern und Erlösträgern zusammengefasst und verdichtet, um beurteilen zu können, ob die finanz- und erfolgswirtschaftlichen Ziele realisierbar sind, bzw. wie groß die Abweichung vom Plan nach »latest estimate« sein wird. Die Erwartungsrechnung beruht auf dem Prinzip der Vorkopplung und ist damit eine zukunftsorientierte Betrachtung. Synonyme: Forecast, Latest Estimate, Fertigschätzung, Hochrechnung.

Kapitalkostensatz WACC

Die Weighted Average Costs of Capital (gewichteter Kapitalkostensatz) werden berechnet, um eine marktgerechte Verzinsung zu simulieren. Dabei geht man davon aus, dass das Risiko, in eine Kapitalgesellschaft zu investieren, durch Vergleich mit marktüblichen Zinssätzen quantifiziert werden kann. Es werden zwei Risikoarten unterschieden:

- Das Risiko, in den durchschnittlichen Aktienmarkt zu investieren (objektives Risiko)
- Das Risiko, in Titel eines bestimmten Unternehmens zu investieren (subjektives Risiko)

Das objektive Risiko ist die Differenz zwischen einem risikofreien Zinssatz (üblicherweise Zinssatz für Staatsanleihen mit garantierter Zinszahlung und Rückzahlung) und der erwarteten Verzinsung des durchschnittlichen Aktienmarktes (Kurswertsteigerungen und Ausschüttungen). Diese Sätze werden von Banken und Börseninstitutionen regelmäßig für bestimmte Märkte, z.B. Swiss Performance Index, berechnet.

Die gleichen Institutionen berechnen auch den Beta-Faktor, der zur Beurteilung des subjektiven Risikos herangezogen wird. Der Beta-Faktor zeigt – etwas vereinfacht – wie stark die Kurse des ausgewählten Titels nach oben oder nach unten ausschlagen, wenn der Gesamtmarkt um einen Prozentpunkt nach oben oder nach unten ausschlägt. Der Beta-Faktor ist somit ein Maß der Volatilität eines Titels. Er kann sich im Zeitablauf ändern, doch wird er auf Basis der laufenden Notierungen getätigter Börsentransaktionen immer wieder neu berechnet.

Die Multiplikation des objektiven Marktrisikos mit dem subjektiven Risiko des Titels plus der risikofreie Zinssatz ergeben die zu erreichende marktgerechte Verzinsung des Eigenkapitals nach Ertragsteuern. Im Beispiel ist der Beta-Faktor mit 1.5 angenommen worden, was eine zu erzielende Eigenkapitalverzinsung von 16% ergibt, wenn der risikofreie Zinssatz und das subjektive Risiko addiert werden.

WACC = Weighted Average Cost of Capital (nach Steuern)

Risikofreier Zinssatz	4,0%	
durchschnittliche Verzinsung des Aktienmarktes	12,0%	
objektives Marktrisiko	8,0%	
Beta-Faktor	1,5	
subjektives Marktrisiko	12,0%	
risikofreier Zinssatz	4,0%	
Geforderte Eigenkapitalverzinsung	16,0%	
effektiver Zins für zinskostendes Fremdkapital	6%	
(Ertrag-)Steuersatz	25%	
Fremdkapitalkosten	4,5%	

		gewichtete Zinssätze
Kapitalanteile	100.0%	
Eigenkapital	40.0%	6.40%
Fremdkapital	60.0%	2.70%
Kapitalkostensatz WACC		**9.10%**

Abb. 2/5: Berechnung des WACC

Jetzt ist noch die Zinsbelastung für das zu verzinsende Fremdkapital zu berechnen. Dazu geht man von den im Unternehmen
wirklich bezahlten Fremdzinsen aus und berechnet den durchschnittlichen Zinssatz (hier 6 %). Dieser ist jedoch noch nach unten zu korrigieren, weil insgesamt eine Zielgröße nach Steuern
gesucht wird. Da Fremdkapitalzinsen als Aufwand vor Steuern
abgezogen werden können, führen sie zu einer Steuerersparnis
gegenüber der Finanzierung mit Eigenkapital. Deshalb wird der
Fremdkapitalzinssatz um den im Land geltenden Ertragsteuer-
satz nach unten korrigiert. Zum Schluss müssen die sich erge-
benden Werte für Eigenkapital (16 %) und Fremdkapital (4.5 %)
noch mit dem in der Zukunft vorgesehenen Finanzierungsver-
hältnis gewichtet werden.

Der WACC sagt somit aus, zu wieviel Prozenten sich das einge-
setzte zinskostende Kapital verzinsen sollte, wenn die Situation
im Anlagenmarkt, die steuerliche Belastung und die vorgese-
hene Finanzierungsstruktur für ein konkretes Unternehmen zugrunde gelegt werden.

Produktkosten Proko
Produktkosten sind die Kosten, die das zu verkaufende Produkt
oder die extern zu verkaufende Dienstleistung selber verzehrt;
die ihre physische Existenz ausmachen. Den technischen Hintergrund bilden: Stückliste, Rezept und Arbeitsplan. Produktkosten sind immer je Kalkulationseinheit formuliert – je Stunde, je
Stück, je Kilogramm, je Auftrag. Daraus folgt, dass es dazukommende Kosten sind für »eine Einheit mehr«. Die Produktkosten
werden auch als »Grenzkosten« oder proportionale Kosten bezeichnet.

Return on Capital Employed ROCE
Der Return on Capital Employed ist die Rentabilität des netto eingesetzten Vermögens. Dabei wird wie für die Kennzahl ROI vom
betriebsnotwendigen Vermögen ausgegangen, von welchem das
dem Unternehmen »gratis« zur Verfügung stehende Fremdkapital, das heißt vor allem Lieferantenverbindlichkeiten und Kun-

denanzahlungen, abgezogen werden. Man spricht dann vom Capital Employed. Der ROCE eignet sich vor allem für Leiter von selbständig bilanzierenden Einheiten als Gewinnkennzahl, wenn diese Leiter die Finanzierungsstruktur nicht selbstverantwortlich steuern können. Sie haben dann ein Interesse, einen möglichst großen Teil des für ihr Geschäft benötigten Vermögens durch »Gratiskapital« zu finanzieren, weil sich dies positiv auf die ROCE-Kennzahl auswirkt.

Da die Finanzierungsstruktur nicht durch die verantwortlichen Leiter bestimmt wird, muss als Gewinngröße wie beim ROI der Gewinn vor Abzug von Zinsen und Ertragsteuern (EBIT) herangezogen werden.

$$ROCE = \frac{\text{Gewinn vor Ertragsteuern und Zinsen x 100\%}}{\text{betriebsnotwendiges Vermögen – Gratiskapital}}$$

Return on Investment ROI
Der Return on Investment ist das, was aus dem Investment »zurückkehren« soll. Er drückt somit das Gewinnziel aus. Der Gewinn wird auf das investierte, betriebsnotwendige Vermögen bezogen, weil die Führungskräfte den Gewinn mit der Investition – mit den vorhandenen Gütern – erarbeiten müssen. Die Kennzahl ROI lässt sich zerlegen in zwei Grundkomponenten:

$$ROI = \text{Umsatzrentabilität x Kapitalumschlag}$$

$$ROI = \frac{\text{Gewinn vor Ertragsteuern u. Zinsen x 100\%}}{\text{Umsatz}}$$

$$X$$

$$\frac{\text{Umsatz}}{\text{betriebsnotwendiges Vermögen}}$$

Gesamtkapitalrentabilität ist der deutsche Begriff für ROI. Dabei ist jedoch als Basis das betriebsnotwendige Vermögen zu verwenden und nicht die bereinigte Bilanzsumme.

Shareholder / Shareholder Value

Mit dem Shareholder Value-Ansatz wird untersucht, ob es dem Management eines Unternehmens gelingt, unter Berücksichtigung des bestehenden Geschäfts und unter Beachtung der zur Erhaltung der Marktposition notwendigen Investitionen neben einer angemessenen Verzinsung seines Kapitaleinsatzes auch den Unternehmenswert von einer zur nächsten Periode zu erhöhen. Dabei kommt die Wertsteigerungsanalyse (Shareholder Value-Analyse) zum Einsatz. Dazu benötigt man die Free Cash Flows der Perioden des Strategiehorizonts, den gewichteten Kapitalkostensatz, der sowohl das Markt- als auch das spezifische Unternehmensrisiko abdeckt, sowie von den jenseits des Strategiehorizonts liegenden Free Cash Flows den Residualwert (Ewige Rente).

Weil die Fremdkapitalzinsen im Gegensatz zu den Eigenkapitalkosten steuerlich voll abzugsfähig sind und eine Gesamtbetrachtung der Kapitalkosten angestrebt wird, ist der Fremdzinsaufwand um die anteiligen Steuern (1-t) nach unten zu korrigieren.

Die Free Cash Flows werden zur Beurteilung einer Strategie für jedes Jahr einzeln mit dem Kapitalkostensatz abgezinst und die Barwerte addiert. Am Ende des Strategiehorizonts wird als Free Cash Flow wiederum derjenige Wert verwendet, der vor Strategiebeginn gemessen wurde und daraus der Residualwert berechnet. Die Barwerte der Free Cash Flows des Strategiehorizonts und der Residualwert (ewige Rente ab dem Jahr x) ergeben zusammen den Unternehmenswert. Eine Strategie ist demzufolge geeignet, den Unternehmenswert zu erhöhen, wenn die Summe aller mit dem Kapitalkostensatz abgezinsten Barwerte größer ist als die gleiche Summe vor Berücksichtigung der Strategie.

Man erhält nun den Shareholder Value, indem man vom Unternehmenswert den Wert des Fremdkapitals abzieht.

Strukturkosten Struko

Strukturkosten sind Kosten, die den organisatorischen Rahmen in der Akquisition, in der Werbung, in der Forschung für neue Produkte, in der Werks-Administration, in der kaufmännischen Verwaltung, in der Logistik, in der Unternehmenskultur, in der Navigationsfähigkeit des Unternehmens abbilden. Auch die Strukturkosten sind vorgangsrelevant zu planen, im Verbund mit Standards of Performance (SOP) für Qualitäten und Mengen. Die Strukturkosten werden auch Fixkosten, Periodenkosten oder Bereitschaftskosten genannt. Sie sind von Haus aus periodenbezogen formuliert.

Unternehmensmodell »Getränkestand«

Da kommt einer/oder eine auf die Idee, ein Unternehmen auf die Beine zu stellen – also selbständig zu arbeiten. Warum will man so etwas machen? Vielleicht weil man gesehen hat, wie andere das machen. Eventuell will man keinen Chef mehr haben, den man fragen muss. Vielleicht aus Ehrgeiz, um es »anderen zu zeigen«. Oder auch, weil man seinen Job verloren hat und jetzt sich neu besinnen muss; zum Beispiel als Ich-AG gemäß Empfehlungen der Bundesagentur für Arbeit und ihrer Niederlassungen.

Unsere Modell-Persönlichkeit beschließt, einen Kiosk zu betreiben und nimmt als Anlass dazu eine größere Veranstaltung, um zu beginnen. Vielleicht ist es eine Messe oder eine größere Fußballveranstaltung oder eine Gartenschau. Am Rand dieses Ereignisses ist es möglich, einen Stand zu mieten. Nehmen wir an, die tägliche Miete sei 300 €.

Das Geschäftsmodell

Die Idee ist so, dass sich der neue Unternehmer auf das »Flüssige« konzentrieren will und sich entscheidet für Bier und Kaffee – einmal zur Beruhigung der »Event«-Besucher; zum anderen zu deren Anregung.

Später könnte man dieses »Softige« auch mit etwas zum »Beissen« verbinden – zum Beispiel Bier und Würstchen offerieren oder Kaffee und Kuchen bereithalten.

Jedenfalls sieht der Unternehmer sein Geschäftsmodell aus der Sicht der bedürftigen Kunden heraus. Wir wollen ihm unterstellen, dass er nicht selber jetzt irgendwie Gastronomie gelernt hat oder als Koch aufgestellt ist. Er sieht sich stellvertretend als Bedarfsträger und denkt, er könne andere damit glücklich machen. Im Falle einer Unternehmerin genau so.

Der Kiosk ist einfach gestaltet. Die Kunden stehen vor dem Stand herum; vielleicht kleine Bistrotischchen dazu gestellt. Aber sonst nicht weiter größere Ausstattungs-Investitionen. Was er/sie anbietet, ist von Hand auf Flipchartblätter geschrieben und hängt mit Klebestreifen befestigt an der Kioskwand. Sonst wird keine Werbung gemacht außer damit, dass man selber »am Schalter« **einen bemühten Eindruck macht, freundlich schaut und auf diese Weise Atmosphäre erzeugt.**

Die Technik von Getränkestand und Produkten

Wie der Kiosk gestaltet ist, zeigen die beiden folgenden Bilder – Abbildung 3/1 und 3/2. Der Kaffee wird selber produziert mit einem Instant-Kaffeepulver. Heißes Wasser wird mit einem elektrisch beheizten Boiler erzeugt. Es gibt einen Pappbecher und ein Plastik-Löffelchen zum Umrühren.

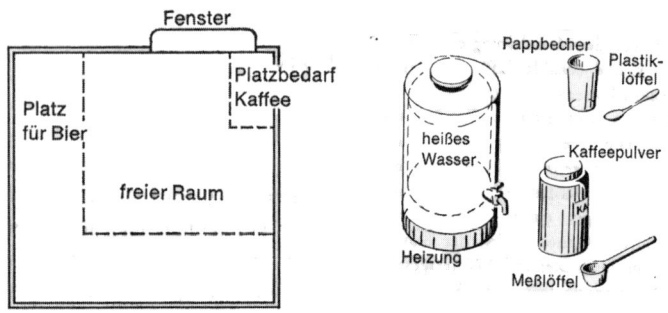

Abb. 3/1: Raumeinteilung im Getränkestand

Abb. 3/2: Utensilien

Die Kaffeeproduktion ist eher eine Montage. Jetzt könnte der Kioskchef – er hat keine Mitarbeiter und ist nur Chef von sich selber – überlegen, ob er eine Standardrezeptur anbieten will gemäß Messlöffel; oder ob er/sie im Sinne von Auftragsproduktion die Kunden fragen will, wie stark sie ihren Kaffee haben wollen. Vorteil wäre, dass unser Kiosk in diesem Falle in den Preisen nicht ganz vergleichbar wäre und mehr mit dem Kunden persönlich verabreden könnte, was sein, für diesen persönlich zubereiteter Kaffee, nun kosten soll. Er entscheidet sich aber für die Standardrezeptur, weil er denkt, dass er in einer Rush Hour in der Lage sein muss, viele Kunden hintereinander zu betreuen und dabei nicht lange verhandeln kann – immer genauso natürlich die Unternehmerin/Kioskchefin .

Bier wird in Flaschen angeboten – eine lokale Marke, die an diesem Platz vorkommt und gute Marktgeltung hat.

Der Stand ist so eingeteilt, dass die Kaffeeproduktion einen kleineren Raum braucht; für das Bier ist mehr Platz erforderlich, weil es zu lagern ist und auch Kühlvorrichtungen Platz beanspruchen. Es gibt noch freien Raum für Bewegungsfreiheit. Die Fläche ist also nicht der Engpass. Der Unternehmer könnte, wenn sich's als nötig herausstellt, den Bierabsatz pro Tag noch beschleunigen, wenn er öfter beliefert wird. Diese logistischen Fragen mögen geklärt sein.

Die Verkaufs- und Einstandspreise

Wie findet man Verkaufspreise? Man könnte erst mal schauen, was andere nehmen. Dann müsste man selber einen Preisabstand finden. Da von einem Luxus an unserem Kiosk keine Rede sein kann, müssten die Preise eher in einem unteren Preisband liegen. Frage natürlich, wen findet er/sie als Mitbewerber. Oder man macht Preise durch die Kalkulation: Also Einkaufspreis mal 2. Dann wäre von oben her gerechnet die Spanne 50 %. Aber diese mal 2 »von unten« käme ihm als Verkaufspreis zu hoch vor.

Angenommen, der Kioskchef/die Kioskchefin kauft das Bier ein für 1,20 €. Einen solchen Bierlieferungsvertrag kann er/sie kriegen. Mit Faktor mal 2 würde ein Verkaufspreis von 2,40 herausschauen. Das stört jetzt; über die 2 will er nicht raus. Also 1,90 als Verkaufspreis für eine Einheit (Flasche) Bier. Man könnte auch technisch denken in Durstlöscheinheiten.

Beim Kaffee ist es ein Becher. Und dieser Becher soll mit 1,50 angeboten werden. Hier ist die Kalkulation schwieriger. Es ist nicht nur ein Einstandspreis verfügbar gemäß Lieferantenvertrag; sondern der Unternehmer muss jetzt kalkulieren und den Einstandspreis aus verschiedenen Bauteilen/Kostenelementen zusammensetzen.

Klar ist die Rezeptur. Wie viele Portionen gehen aus der Dose heraus; welchen Einkaufspreis hat die Dose. Welche Einkaufspreise sind für das Zubehör nötig wie die Pappbecher und Plastiklöffel; ein durchschnittliches Milch und Zucker Dazufügen ist anzusetzen.

Will man industriell kalkulieren, wäre das heiße Wasser ein Bauteil, für das eine entsprechende Vorstufenkalkulation nötig wäre. Aber so detailliert will es unser Chef (noch) nicht machen; seine Stromkosten sind ohnedies in der Miete enthalten. Es gibt also keinen eigenen Stromzähler für den Stand; die Stromversorgung kommt über die Organisation des Ereignisgestalters.

Die Entscheidung über die Verkaufspreise muss natürlich getroffen werden, bevor die »Show« morgen losgeht. Schließlich sind noch Preisschilder zu machen. Also der Entschluss ist bei 1,50 € für den Becher Kaffee und bei 1,90 € für die Flasche Bier; der Preisabstand erscheint für das Erste ausgewogen. Auch sonst ist alles bereitgestellt; es kann morgen beginnen.

Das Ergebnis des ersten Tages

Der neue Unternehmer schafft frohgemut drauf los, es kommen Kunden – manche kommen sogar wiederholt. Es gelingt, Stimmung zu erzeugen vor dem Kioskfenster. Und zeitweise rotiert unser Modell-Unternehmer ganz schön. Schließlich muss er alles selber machen und hat auch **Führungsprobleme und Motivationsherausforderungen nur für sich selber zu leisten. Aber die Kunden beflügeln ihn zu schnellen und sicheren Taten und er merkt gar nicht, dass es auch Arbeit ist, was er/sie da macht.**

Schließlich ist der erste Tag gelaufen; er/sie sitzt nun da, denkt über den Tag nach und stellt mal zusammen, wie das Ergebnis ausgefallen ist. Das zeigt nun die folgende Tabelle:

Ergebnis-Darstellung des 1. Tages	Kaffee (Kalkulation pro Becher)	bei 1000 Bechern Absatz	Bier (Kalkulation) pro Flasche	bei 1000 Flaschen Absatz	Summe des Tages
Verkaufspreis bzw. Erlös je Einheit u. Tag	1,50	1.500	1,90	1.900	3.400
Einstandspreis bzw. »proportionale« Kosten	1,00	1.000	1,20	1.200	2.200
Deckungsbeitrag je Einheit u. Tag	0,50	500	0,70	700	1.200
Verteilung der Miete nach Platzbeanspruchung		(10%)		(90%)	
	0,03	30	0,27	270	300
Gewinn	0,47	470	0,43	430	900

Abb. 3/3: Ergebnisrechnung des ersten Tages für den Kiosk

Von jedem der beiden Produkte gelang es, 1.000 Einheiten zu verkaufen, was für den Gesamtkiosk einen Umsatz von 3.400 € am ersten Tag bedeutet. Die Absatzzahlen mit den Einstandspreisen bewertet (cost of goods sold) belaufen sich auf 2.200 €. Daraus folgt ein Überschuss (Deckungsbeitrag) von 1.200).

Davon abgezogen ist die Miete, was einen Tagesgewinn ergibt von 900 €. (Genau genommen ist es ein Cash Flow pro Tag, denn in den Kosten fehlen der Unternehmerlohn und die Abschreibungen; aber diese betriebs-wirtschaftlichen Details beachtet der Unternehmer zunächst nicht. Er schaut auf seinen Kassenbestand am Ende des Tages und dies bildet seinen/ihren Free Cash Flow.)

Kopfzerbrechen macht noch die Miete, soll man die Miete nicht auf die Produkte zuteilen? Offensichtlich braucht Bier mehr Platz als der Kaffee. Nach dieser Platzbedarfsanalyse rechnet er/sie 90 % von der Miete auf das Bier und 10 % auf das Produktsegment Kaffee. So erreicht der Unternehmer für seine beiden Produkte ein Segmentergebnis. Dies beläuft sich beim Produktprogramm Kaffee auf 470 € je ersten Tag und je Stück auf 0,47 €. Beim Bier ist es niedriger und lautet je Tag 430 € und je Stück 0,43 €.

Profit Improvement Program

Wie kann der Kioskbetreiber den Gewinn am nächsten Tag erhöhen. Wo sind seine Stellhebel? Bei der Miete ist nichts zu ändern; jedenfalls bei dieser Messe nicht. Die Einstandspreise sind festgelegt nach der Produktdefinition beim Kaffee und der schon getätigten Versorgung mit Ware. Also bleiben als Parameter nur die Verkaufspreise, an denen soll nichts geändert werden; schließlich kommen viele Kunden morgen wieder.

Also will sich unser Unternehmer konzentrieren auf die Förderung des Produktes, das gewinnträchtiger ist. Und das ist nach seiner Berechnung der Kaffee.

Angenommen es gelänge ihm/ihr, vom Produkt Kaffee als dem besseren Verdiener im Sortiment mehr zu verkaufen – nehmen wir an, 1.500 Einheiten konnten am zweiten Tag verkauft werden; dafür nur 500 Einheiten Bier. Die Gesamtmenge im Absatz ist am zweiten Tag gleich geblieben. Auch der Umsatz ist mit

3.200 € ungefähr gleich hoch wie am ersten Tag. Das Modell ist gebaut nach der ceteris paribus -Regel. Alle Parameter bleiben gleich bis auf einen – **den Sales Mix**. Dann muss die Änderung, die im Ergebnis eingetreten ist, die Folge dieses einen geänderten Parameters sein.

Ergebnisrechnung des 2.,Tages	Produktlinie Kaffee	Produktlinie Bier	Summe des 2. Tages
Stückzahl Absatz	1500	500	2000
Verkaufserlöse	€ 2.250	€ 950	€ 3.200
»Proportionale Kosten,«	€ 1.500	€ 600	€ 2.100
Deckungsbeiträge	€ 750	€ 350	€ 1.100
Miete			€ 300
Gewinn			**€ 800**

Abb. 3/4: Ergebnis im Kiosk am zweiten Tag

Obwohl doch im Stückgewinn gemäß der Tabelle 3/3 das Produkt Kaffee mit einem Stückgewinn von 0,47 € besser abschneidet als das Produkt Bier mit 0,43 € Gewinn pro Einheit und gerade vom gewinngünstigeren Produkt mehr verkauft worden ist, kommt dennoch durch verstärkten Verkauf des im Ergebnis doch besseren Produkts für die Gesamtfirma weniger heraus – nämlich 800 € anstatt 900 €.

Das wäre ein Beispiel für das Management by surprise. Jetzt ärgert sich der Unternehmer und denkt, dass da etwas nicht stimmen könne. Hätte er sich nur nach seinem Gefühl gerichtet und nicht nach den Zahlen, die er sich ermittelt hat.

Nachbar Controller berät

Am Abend des zweiten Tages will der Chef sich nicht mehr irren und fragt einen Nachbarn, von dem er weiß, dass er als Controller mit Kompetenz im Rechnungswesen tätig ist. Der sagt ihm, dass er zur Steuerung in Richtung des Gewinnziels nicht die Stückgewinne nehmen müsse, sondern die Deckungsbeiträge je

Stück. Und der Deckungsbeitrag beim Bier ist je Einheit 0,70 €
und damit um 0,20 € höher als jener beim Kaffee mit 0,50 €.

Manager und Controller machen jetzt für den dritten Tag eine
Planung nach dem wenn …, dann …-Prinzip. Wie wäre es, wenn
es gelänge, vom Bier mehr zu verkaufen – also zögerliche Kunden zum Bier zu locken und vom Kaffee weg zu ziehen.

Die Rechnung, die wir jetzt als Planrechnung uns vorstellen
wollen für den dritten Tag, zeigt die folgende Tabelle als Abbildung 3/5.

	Kaffee	Bier	Summe
Stückzahl	500	1.500	2.000
€ Erlöse	750	2.850	3.600
€ Proportionale Kosten	500	1.800	2.300
Deckungs-beiträge	250	1.050	1.300
€ Miete			300
€ Gewinn			1.000

Abb. 3/5: Die Planung am Kiosk für den 3.Messetag

Und siehe da: Der Gewinn klettert auf 1.000 € und wird nach
diesem Plan um 100 € besser ausfallen als am ersten Tag. **Als
Resümee: Zur Steuerung im Sales Mix in Richtung des Ziels
Gewinn ist nicht der Stückgewinn, sondern der Deckungsbeitrag je Stück zu nehmen als Kennzahl zur Entscheidungsfindung.** Engpass ist die Absatzmenge und damit der Bedarf des
Marktes und die Zahl der Messe- oder Ausstellungsbesucher,
was immer das Ereignis, an dem der Kiosk steht, sein soll.

Wenn aber vor dem Getränkestand eine Warteschlange steht …

Der Deckungsbeitrag kann mit einem pharmazeutischen Präpa-
rat verglichen werden. Das »Medikament« Deckungsbeitrag ist

erforderlich für die »Gewinntherapie« im Sortiment. Aber wie bei den Medikamenten auch, kommt es jetzt auf die Darreichungsform an. So kann ein pharmazeutisches Produkt entweder als Tabletten, als Tröpfchen, als Ampullen oder als Suppositorien verabreicht werden. Entsprechend ist auch je nach Situation des Patienten zu prüfen, welche »Darreichungsform des Deckungsbeitrags« die jeweils geeignete ist.

Bisher wurde der Deckungsbeitrag in der Form »€ je Verkaufseinheit« verabreicht. Wenn jetzt aber vor dem Getränkestand eine Warteschlange steht, so hängt das Volumen der erzielbaren Deckungsbeiträge nicht mehr allein vom Deckungsbeitrag je Becher Kaffee oder je Flasche Bier ab, sondern auch noch von der Bedienungszeit. Diese Bedienungszeit spielt erst dann eine Rolle, wenn die Zeit zum Engpass wird. Sie wird ein Engpass, wenn die Warteschlange auftritt und nicht unterstellt werden kann, dass die Kunden beliebig lange warten. Jetzt kommt es für den Unternehmer darauf an, innerhalb einer knappen Zeit möglichst viele Deckungsbeiträge zu erwirtschaften. Er muss dazu eine Zeitanalyse machen. Welcher Artikel ist aufwendiger in der Bedienungszeit? Es könnte sein, dass der Kaffee aufwendiger ist; dann bliebe es fraglos beim Bier als dem günstigeren Artikel. Es wäre aber auch denkbar, dass der Kaffee schneller geht; zumal die Becher schon vorgefüllt sein könnten und mit weniger Wechselgeld zu operieren ist als beim Bier (Ansatz im Sinne der Prozesskostenrechnung). In diesem Fall wäre dann der Kaffee der günstigere Artikel, weil er in der neuen Darreichungsform des Deckungsbeitrages »€ je Minute Bedienungszeit« besser wegkommt.

Dieses Beispiel zeigt auch sehr deutlich, dass im Management die Fragestellung flexibel und gemäß der Situation zu sehen ist. Entsprechend situationell sind vom Controller auch die dazu passenden Informationen in Zahlen bereitzuhalten. Im Laufe eines Verkaufstages kann sich die Strategie ändern müssen je nachdem, ob im Getränkestandmodell eine Warteschlange auftritt oder nicht. Tritt die Warteschlange auf, spielt nicht mehr der Deckungsbeitrag allein, sondern auch die Bedienungszeit eine Rolle. Der Unternehmer richtet sich nach dem Kriterium Deckungsbeitrag je Bedienungsminute. Wird er hingegen mit den einzelnen Kunden bequem »fertig«, weil sie gleichmäßig bei ihm ankommen, richtet er sich nach der Prioritätenzahl »Deckungsbeitrag je Stück«.

Forcieren des Bierabsatzes durch Werbung

Das Modell des Getränkestandes ging bis jetzt nur davon aus, dass das günstigere Erzeugnis durch das Verkaufsgespräch gefördert werden soll. Eine bereits vorhandene Kapazität – nämlich die des Verkäufers – soll besser auch auf das Gewinnziel hin gesteuert werden. Die Mittel dazu sind die bessere Auswahl der Argumente im Verkaufsgespräch und eine günstigere Reihenfolge bei der Präsentation des Sortiments. Diese Mittel der Verkaufsstrategie erfordern keinen zusätzlichen Aufwand. Es handelt sich um einen besseren Einsatz von Ressourcen/Kosten, die bereits da sind. Der Gewinn verbessert sich dadurch schon, dass vom günstigeren Erzeugnis nach Deckungsbeitrag je Stück oder Deckungsbeitrag je Minute irgendeine Stückzahl mehr verkauft wird.

Nehmen wir aber jetzt zusätzlich an, dass der Bierabsatz durch eine Werbekampagne forciert werden soll. Im Beispiel ginge es darum, einen Studenten zu engagieren und ihn als sogenannten Sandwichmann einzusetzen; d.h. er hat vor und hinter sich ein Plakat, das für das Bier unseres Getränkestandes wirbt. Der Student ist tageweise zu heuern. Er verlangt ein Honorar von 250 € je Tag. Frage: soll man ihn engagieren? Weitere Frage: Was ist mit diesen 250 € zusätzlichen Kosten speziell für das Bier? Gehören diese Kosten jetzt nicht auch zu den »proportionalen« Kosten des Bierumsatzes? Sie kommen doch jetzt auch dazu gemäß der Kontrollfrage »Was ändert sich?«.

Gemäß Kostenwürfel in Abbildung 2/2 sind diese Werbekosten

1. Strukturkosten (nicht das Produkt Bier hat sie verursacht sondern der Unternehmer hat sie beschlossen);
2. direkt gewidmet (einzeln für Bier erfassbar);
3. kurzfristig beeinflussbar.

Im Falle zusätzlich disponierter Strukturkosten (fixer Kosten) genügt es nun allerdings nicht, irgendeine Stückzahl vom günstigeren Erzeugnis mehr zu verkaufen, sondern es muss mit Hilfe der Werbung möglich sein, mindestens eine ganz bestimmte Stückzahl zusätzlich zu erreichen. Im Falle des Studenten, der für Bier werben soll, wäre erforderlich, dass durch seine Mitarbeit mindestens $250 : 0,70 = 357$ Stück mehr verkauft werden. Es ist also ein »objective« zu setzen für den Absatzzuwachs. Hier zeigt sich auch die Kooperation zwischen Controller und Verkaufschef. Das Rechnungswesen hilft, die Ziele zu setzen. Controller/Controllerin muss bei der Bildung von Zielen so vorgehen, dass die Gewinnzielsetzung sichergestellt ist. Der Einstieg in eine solche Überlegung ist am günstigsten die gegenwärtige Situation. **Der »Besitzstand« soll sich nicht verschlechtern.** Soll mehr Werbung gemacht werden, muss mindestens so viel mehr an Absatz gemacht werden, dass jedenfalls die neuen Strukturkosten für Werbung durch die Deckungsbeiträge der zusätzlichen Verkäufe abgedeckt sind und der Gewinn nicht zurückgeht.

Kann andererseits der Verkaufsmanager auf Grund seiner Kenntnis des Marktes, der Kunden, der Mitbewerber und auf Grund der Art von Werbung, die er vorhat, das »commitment« übernehmen, mehr als diesen Mindestabsatz zu erreichen, wäre die Werbekampagne vom Gewinnziel her in Ordnung.

Unterstellen wir, der Inhaber unseres Getränkestandes habe dieses Spannungsverhältnis in der Art eines Selbstgespräches mit sich ausgekämpft. Im Konflikt zwischen Mindestziel, verlangt von den Gewinn-Objectives her, und der im Markt erreichbaren Zielsetzung sei er oder sie, die Kioskchefin, zur Auffassung gekommen, mit Hilfe des Studenten sowie unterstützt durch seine eigene Verkaufsargumentation beim Bier 750 Flaschen mehr zu verkaufen. Der »Werber« wird engagiert zur Veranstaltung eines »drink in« an unserem Getränkestand.

Alternativen bei Verkaufspreisen und Stückzahlen

Welches der beiden Produkte ist wohl preisempfindlicher? Artikel Bier ist ein Markenartikel. Wer von der betreffenden Brauerei beliefert wird, hat dieselbe Marke. Deshalb sind auch die Verkaufspreise unter den Mitbewerbern auf dem Messeplatz vergleichbar. Wenn eine Preisänderung bei Bier in Frage käme, liefe das eher auf eine Preissenkung hinaus. Unser Kiosk ist aber schon im unteren Preisband vom Leitbild her. Außerdem würden Mitbewerber eine Preissenkung vielleicht nachmachen. Dann haben alle nichts gewonnen, es sei denn der Biermarkt auf der Messe würde dadurch größer. Wenn die Kunden sich dann zum Beispiel 2 Fläschchen gönnen statt ein Bier. Deshalb hat der Kioskchef auch entschieden – für Bier die Werbemaßnahme zu machen. Das mit dem Sandwichmann oder einem Sandwichgirl könnten die Mitbewerber nicht so leicht nachmachen.

Beim Kaffee jedoch bietet unser Getränkestand »die besondere Mischung«. Hier bestünde eher die Möglichkeit zu einer individuellen Preisstrategie. Das Produkt Kaffee ist mit anderen Anbietern auf der Messe nicht so ganz vergleichbar. Die Nachfragefunktion für Kaffee könnte weniger preis-elastisch verlaufen – zumindest in einer bestimmten Bandbreite. Es könnte hier einen Bereich einer relativ preisunelastischen Nachfrage geben. Würde allerdings der Verkaufspreis den oberen Punkt dieser unelastischen Zone der Preis-Absatz-Funktion erreichen, so kippt die Nachfrage erheblich zurück. Die Kunden ärgern sich und finden das unverschämt. Bei erheblich tieferen Verkaufspreisen könnte sich die Nachfragefunktion vielleicht scharf nach rechts rausbiegen. Durch so ein vorteilhaftes Angebot könnten Kunden gelockt werden, die sonst nicht gekommen wären. Andererseits könnte auch das Gefühl kommen, ob vielleicht bei einem so niedrigen Angebotspreis der Kaffee etwas dünner geworden sein könnte. Der Verkaufspreis bei Konsumgütern ist oft ein Signal für auch für die Qualität.

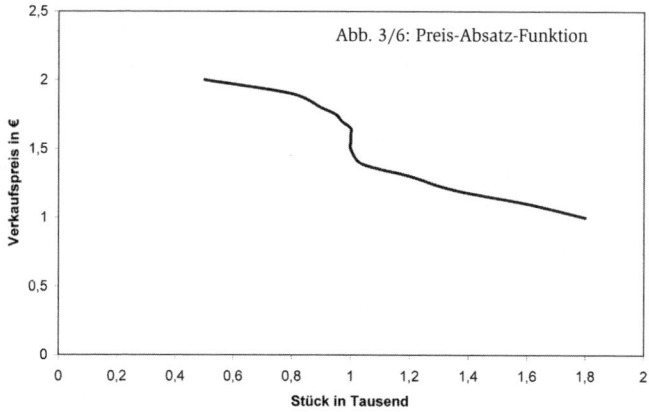

Abb. 3/6: Preis-Absatz-Funktion

Der Getränkestand ist bei Kaffee mit der besonderen Mischung auf Qualität angetreten. Also kommt eine Preissenkung nicht in Betracht. Dagegen wäre eine Erhöhung des Verkaufspreises von bisher 1,50 € angezeigt. Zur Erörterung dieser Frage vom Gewinnstandpunkt aus eignet sich ein Arrangement gemäß der folgenden Tabelle mit Alternativen bei Verkaufspreisen und Stückzahlen, die alle den Besitzstand von 500 € Deckungsbeitrag am Tag einhalten.

Daten zur Isokurve	Jetzige Situation	Preiserhöhung 1	Preiserhöhung 2	Preissenkung 1	Preissenkung 2
Verkaufspreis pro Stück	1,50	1,60	1,65	1,45	1,35
Deckungsbeitrag pro Stück	0,50	0,60	0,65	0,45	0,35
Deckungsbeitrag pro Tag	500,–	500,–	500,–	500,–	500,–
Erforderliche Stückzahl	1.000	833	769	1.111	1.429

Abb. 3/7: Tabelle der Alternativen von Verkaufspreisen und Stückzahlen

Die Tabelle ist gebaut nach dem Wenn..., dann...-Prinzip. Der Besitzstand an Deckungsbeitrag soll erhalten bleiben. Jeweils ist der Betrag von 500 € durch den neuen Deckungsbeitrag je Einheit zu dividieren. Was bei der Rechnung dann heraus kommt, ist die neue Stückzahl. Bei einem Preis von 1,65 € je Einheit würde eine Stückzahl von 769 pro Tag genügen, um die 500 zu verdienen. Bei einem Verkaufspreis dagegen in Höhe von 1.35 müssten 1.429 Stück Becher Kaffee verkauft werden, um den Besitzstand zu wahren.

Auch hier ist wieder das Prinzip von ceteris paribus unterstellt. Das Modell geht davon aus, dass der Produktkostensatz (proportionaler Kostensatz) nicht geändert ist, obwohl bei den alternativen Mengen das anschließend angepasst werden müsste.

Das hier dargelegte Prinzip lässt sich auch grafisch veranschaulichen. Die Ordinate in Abbildung 3/8 bildet den Verkaufspreis, die Abszisse die nötige Stückzahl. Jede Kombination aus Verkaufspreis und Absatzmenge bringt den gleichen Deckungsbeitrag pro Tag (im Beispiel also 500 €). Deshalb das Wort »iso« (griechisch) im Sinne von gleich. Man kann sich das Diagramm gefüllt vorstellen mit lauter parallelen Iso-Kurven. Je weiter draußen die Entscheidung aus Verkaufspreis und erwarteter Absatzmenge liegt, desto größer ist der Deckungsbeitrag.

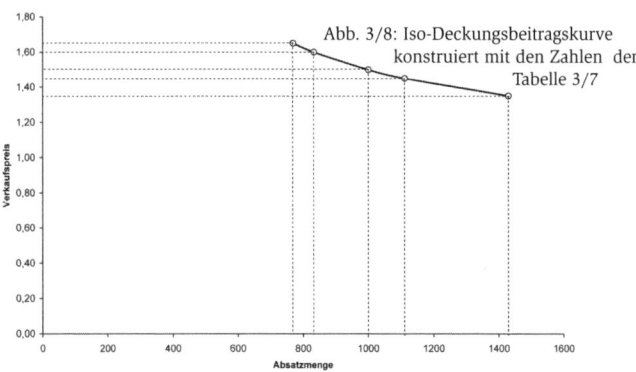

Abb. 3/8: Iso-Deckungsbeitragskurve konstruiert mit den Zahlen der Tabelle 3/7

Der Kioskchef entscheidet sich, den Verkaufspreis auf 1,65 € zu erhöhen und dennoch die Absatzmenge von 1.000 Einheiten je Tag beizubehalten. Also würde sich für den folgenden 4. Tag das Ergebnis wie folgt darstellen.

Planung für den 4. Tag	Kaffee	Bier	Summe des 4. Tages
Stückzahl	1.000	1.750	2.750
Verkaufserlöse	€ 1.650	€ 3.325	€ 4.975
Proportionale Kosten	€ 1.000	€ 2.100	€ 3.100
Deckungsbeitrag I je Tag	€ 650	€ 1.225	€ 1.875
Artikeldirekte Strukturkosten	0	€ 250	€ 250
Deckungsbeitrag II	€ 650	€ 975	€ 1.625
Allgemeine Strukturkosten			€ 300
Gewinnbudget 4. Tag			€ 1.325

Abb. 3/9: Die Ergebnisplanung für den 4. Tag

Manager und Controller im Team

Die beiden Abbildungen der Preis-Absatzfunktion und der Iso-Deckungsbeitragskurve sind in der Abbildung 3/10 in ein Diagramm montiert.

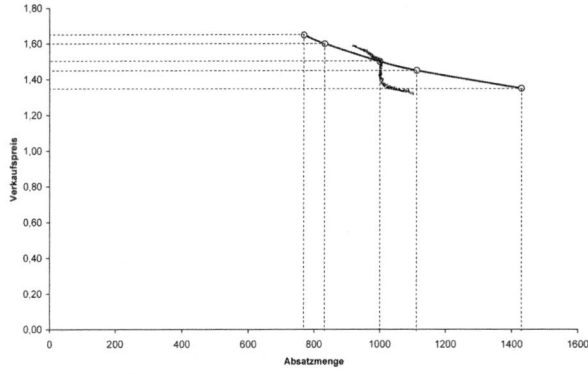

Abb. 3/10: ISO-Kurve und Preis-/Absatzfunktion integriert

Das entspricht auch dem Prinzip, dass Verkaufs-Chef und Controller an einem Tisch sind. Marketing und Controlling passen unter denselben Diagramm- »Hut«. Der Verkaufspreis von 1,65 € und die Absatzmenge von 1.000 Einheiten befinden sich auf einer Isokurve, die im Diagramm weiter draußen liegt, also ein höheres Gewinn-Niveau repräsentiert. In der Präsentation der Zahlen könnte man sich eine Kombination vorstellen. Die Zahlentabellen ließen sich im Computer als Excel-Sheets zeigen und die Alternativen eintippen. Sofort würde abzulesen sein, was bei einer neuen Alternative herauskommt. Also Manager und Controller im Team nebeneinander vor dem Bildschirm. Aha – jetzt sehe ich es ein oder bin jetzt im Bild oder eben im Bildschirm.

Übrigens sprechen manche hier auch von »Szenario«. Das ist es aber nicht. Es handelt sich um operative Alternativen der Durchführung. Szenarien sind Zukunfts-Verhaltensbilder – zum Beispiel wenn man sich vorstellen wollte, dass Bier wegen totaler Alkoholenthaltsamkeit der Menschen keine Rolle mehr spielt. Dann ist der Kiosk auf Kaffee und Limo umzubauen.

Die grafischen Darstellungen könnte man nach Ansicht und Erfahrung der Autoren besser auf Flipchart entwickeln so, dass die beteiligten Managers die Kurven entstehen sehen. Man könnte zusätzliche Kombinationen aus Verkaufspreisen und Absatzmengen öffentlich vorführen, um das Verständnis zu fördern. Dann gäbe es mit Computer und Flipchart auch Controller's Multimedien-Show.

Management Accounting – Grundgesetz

Das Modell des Getränkestandes demonstriert als Resümee des Beispiels die beiden großen Fragestellungen des Management Accounting:

Erstens: Es geht darum, **Informationen zur Entscheidungsbegründung zu liefern** aus der Controller Werkstatt. Im Kern waren dies im Beispiel die Deckungsbeiträge. Und die Entscheidungsfälle betrafen

- Sales Mix – Veränderung; welches Produkt ist der bessere Verdiener im Sortiment?
- Beschluss über eine Promotionsmaßnahme; soll man es machen oder lieber nicht?
- Veränderung von Verkaufspreisen und Absatzmengen.

Zweitens: **Zahlen bilden Ziele und dienen dem Performance Measurement.** Das war nicht im Zentrum dieses Beispiels, denn der Kiosk-Chef/die Chefin war allein ohne Mitarbeiter. Der Deckungsbeitrag diente der Entscheidungsfindung – auch der Deckungsbeitrag II.

Wie wäre es aber, wenn der Kiosk sich in einem Hotel befände und der Betreiber/die Betreiberin als Mitarbeiter im Hotel fungierte. Dann wäre das Resultat der Abbildung 3/9 in Höhe von 1.325 € nicht der Gewinn/das Betriebsergebnis des Unternehmens, sondern ein Deckungsbeitrag III. In diesem Falle könnte man bei der Leitung des Getränkestandes von einem Profit Center sprechen.

Das **Wort Profit Center hat sich eingebürgert**, obwohl es nicht ganz richtig ist. Würde man nämlich zentrale Kosten des Hotels auf den Kiosk verteilen, so käme eine Resultat heraus, auf das der Profit Center-Chef selber keinen direkten Einfluss mehr hat. Also wäre das »ganz unten« Herauskommende für das Performance Measurement nicht so ganz gut geeignet.

Zielmaßstab im Profit Center ist der Deckungsbeitrag III, an sich müsste es also **eigentlich heißen »Contribution Center«**. Doch hat sich dieser an sich richtige Begriff in der Praxis nicht durchsetzen können.

Organisation nach Profit Center

Prinzipien dezentraler Ergebnissteuerung

Ein Unternehmen nach (Profit) Centern zu organisieren, entspricht zu allererst dem Delegationsprinzip. Eine solche Aufteilung der Aufgaben geschieht nicht nur im funktionalen Sinn in die Bereiche Verkauf, Produktion, Einkauf u.s.w., sondern lässt sich auch im Hinblick auf die Verantwortung für den Unternehmensgewinn (»Profit«) dezentral organisieren. Diese fordert ein hohes Maß an Selbstorganisation und »Self-Controlling«. Denn nur so ist die Flexibilität möglich, welche Unternehmen für ein erfolgreiches Agieren im Markt benötigen.

Der Vorstandsvorsitzende eines großen DAX-Unternehmens verglich seinen Konzern einmal mit einer Flotte wendiger Schnellboote (Profit Center) mit selbständigen Kapitänen (Managern) auf einem gemeinsamen Kurs (Strategie). Dieses Bild macht deutlich, dass ganz im Gegensatz zur Vorstellung eines schwer manövrierfähigen Ozeantankers der Eigenverantwortung der Profit Center Manager ein hoher Stellenwert eingeräumt wird.

Um diese Eigenverantwortung im Unternehmen organisatorisch abbilden zu können, braucht es eine klare Delegation der hierfür erforderlichen Aufgaben und Kompetenzen im Sinne von Entscheidungsbefugnissen. Der Profit Center Verantwortliche handelt wie ein Unternehmer im Unternehmen, er ist ein so genannter Intrapreneur. Delegiert wird ein bestimmter Aufgabentyp, den man am ehesten mit »Marktbearbeitung« umschreiben könnte. Der Profit Center Manager erbringt also eine Marktleistung, indem er beispielsweise innerhalb seiner Zuständigkeit für eine Region Kunden akquiriert, welche die Produkte des Unternehmens kaufen. Der Verkäufer vor Ort, der Regionaldirektor aber auch der Verkaufsleiter kann demnach ein Profit Center führen. Doch auch die Verantwortung für eine Produktgruppe als Produkt Manager oder für eine Kundengruppe als Key Account Manager lässt sich als Profit Center organisieren.

Nun gilt das Führungsprinzip, dass zu jeder Aufgabe ein zu ihr passender Zielmaßstab gehört. »If you can't measure it, you can't manage it« lautet die amerikanische Variante. Ein passender Zielmaßstab ist jetzt allerdings nicht ein Teil des Bilanzgewinns (was bei Profit **Centern** vermutet werden könnte), sondern ein Deckungsbeitragsziel. Contribution Center wäre demnach der exaktere Begriff. Aber wahrscheinlich der weniger attraktive Begriff, weshalb sich Profit Center durchgesetzt hat. Die Frage, was ein passender Zielmaßstab ist, hat der Controller als Zielfindungsbegleiter im Rahmen seiner Management Accounting Konzeption schlüssig zu beantworten. Richtschnur muss sein, die größtmögliche Beeinflussbarkeit all jener Faktoren innerhalb des Kompetenzrahmens des Profit Center Managers zu gewährleisten, welche sich im jeweiligen Zielmaßstab bündeln. Eine vom Controller erstellte Center Rechnung hat diesen Umstand konzeptionell zu berücksichtigen. Insofern findet ein »Umtopfen« eines ergebnisorientierten Gesamtunternehmensziels, wie z.B. des ROI, in arbeitsfähige Einzelziele statt. Für einen Profit Center Manager ist ein Deckungsbeitrag II oder III dann arbeitsfähig, wenn seine (sub)unternehmerische Leistung damit fair beurteilt werden kann.

Der Profit Center Manager ist eben nicht nur Unternehmer im Unternehmen (Intrapreneur), sondern er wird auch vom Top Management, der Geschäftsführung oder dem Vorstand z.B., geführt. Zur Führung gehört regelmäßige Leistungsbeurteilung, d.h. Beurteilung der Zielerfüllung. Das Agieren des Center Managers bewegt sich zwischen den Polen »Bindung« (= Zielvereinbarung) und »Freiraum« (= Weg zum Ziel). Management by

Objectives schafft diesen überlebensfähigen Raum. Hier wird soviel Bindung wie nötig und soviel Freiraum wie möglich garantiert.

Doch auch in den persönlichen (Charakter) Eigenschaften des Center Verantwortlichen fügen sich idealerweise Elemente des Freiraums und solche der Bindung zusammen. Wenn also gefordert wird: »Wir brauchen mehr Unternehmer im Unternehmen«, welche Eigenschaften von Entscheidungsträgern sind dann gewünscht? Bei der Vielzahl der Unternehmertypen, die wir im Wirtschaftsgeschehen vorfinden, ergibt sich kein einheitliches Bild. Wie viel Innovation im Sinne des Schumpeter'schen Unternehmers hält ein Unternehmen aus? Wie viel Risiko darf der Einzelne eingehen, ohne das Gesamtunternehmen zu gefährden? Wie könnte eine Liste aussehen, die einem die Suche nach dem richtigen Center Manager erleichtert?

In einer stillen Stunde ist eine Assoziationskette entstanden. Unternehmensvorbilder vor Augen, habe ich mich getraut, 5 Paare von Eigenschaften zu bilden. Jedes Merkmalspaar zeigt mehr oder weniger den Spannungsbogen zwischen Freiraum und Bindung.

Congress-Referat 2003 von Prof. Dr. M. Hauser

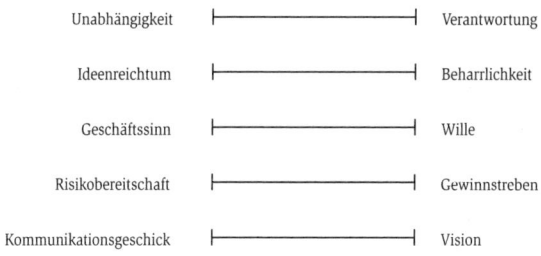

Abb. 4/1: Merkmalspaare des Intrapreneurs

Merkmale und Abgrenzung von Profit Centern

»Im Unternehmen gibt es überhaupt keine Profit Center! Das einzige Profit Center, das ich kenne, ist der Kunde dessen Scheck nicht geplatzt ist!« Die radikale Sichtweise des Managementvordenkers Peter Drucker könnte viele Missverständnisse verhindern, die bei der organisatorischen Bildung von Profit Centern in den Unternehmen immer häufiger zu beobachten sind. Denn es liegt wohl an dem »schicken« Begriff Profit, dass jeder im Unternehmen Profit Center Chef werden möchte. Die sintflutartige Verwendung dieses Begriffes kann im Extremfall dazu führen, dass es im Unternehmen mehrere hundert scheinbar profitable Profit Center gibt, das Gesamtunternehmen aber hoffnungslos pleite ist. In diesem bereits länger zurückliegenden, sehr berühmt gewordenen Fall der deutschen Wirtschaftsgeschichte waren die Verrechnungsbeziehungen zwischen den Centern nicht nur für Außenstehende undurchschaubar geworden.

Wie in den vorherigen Ausführungen zur dezentralen Ergebnissteuerung bereits angeklungen, dürften insbesondere die folgenden 4 Merkmale Begriffs bildend für Profit Center sein:

1. Marktleistung als Aufgabe
2. Persönliche Zuständigkeit
3. Individuelle Zielformulierung
4. Erfolgsrechnung mit Deckungsbeitragszwischensummen

Zu 1: Profit Center ist eine Organisationsform, die für die Marktbearbeitung zuständig ist. Das Center steht im Außenkontakt mit externen Kunden. Das Center erbringt eine Marktleistung und erhält vom Kunden eine Gegenleistung, den Verkaufserlös. Es fließt Geld! Bringt man die Produktkosten in Abzug, so erwirtschaftet das Profit Center einen Deckungsbeitrag.

An dieser Stelle ist die Abgrenzung zum Service Center (siehe Abbildung 4/2) zu verankern. Der Zugang zum Markt und damit zu externen Kunden ist konstituierendes Merkmal eines

Profit Center. Ein Service Center hingegen hat interne Kunden. Es erbringt eine interne Dienstleistung und entlastet sich gegebenenfalls über eine interne Leistungsverrechnung. Der Erfolg eines Profit Center lässt sich somit an der Summe der erwirtschafteten Deckungsbeiträge festmachen. Denn der externe Kunde hat eine Wahlalternative. Er hat sich für unser Produkt entschieden und nicht für das Produkt des Wettbewerbers. Die Verkaufsleistung wird durch den Deckungsbeitrag honoriert.

Center-Typ Abgrenzungs-Kriterium	Profit-Center	Service-Center	Cost-Center
Aufgabenstellg.	• Marktleistung	• interne Dienstleistung	• Produktleistung • Basisleistung
Kundensicht	f. externe Kunden (Wahlalternative)	f. interne Kunden ≥ Versorgungsauftrag (i.d.R. Abnahmezw.)	Kunde ist Unternehmen als Ganzes
Ergebnis-orientierung	erzielt Deckungs-beiträge als Erlös-überschüsse über die Produktkosten ≥ "echtes Geld"	entlastet sich durch interne Leistungs-verrechnung mittels marktadäquater Verrechnungspreise ≥ "Spielgeld"	eine Leistungsver-rechnung ist nicht sinnvoll oder ver-ursacht zu hohen Aufwand ≥ "kein Geld"
Leistungs-geflecht	benötigt Service-leistungen anderer	benötigt Service-leistungen anderer	benötigt Service-leistungen anderer
Resourcensicht	verursacht Kosten	verursacht Kosten	verursacht Kosten
Ziele	DB II oder III als Zielmaßstab	Standards of Perfor-mance (SOP's) und Kostendeckungsgrad als Zielmaßstab	Kostenbudget als Zielmaßstab
Beispiele	Bsp.: Produkt-Management, Zweigniederlssg.	Bsp.: IT-Bereich, Aus- u. Fortbildung, Fuhrpark	Bsp.: Werksfeuer-wehr, Produktion, Revision

Abb. 4/2: Center Typen im Überblick

Hier schließt sich die Empfehlung an, bei internen Diensten nicht von Profit Centern zu sprechen. Selbst dann, wenn marktwirtschaftliche Prinzipien für das Angebot von und die Nachfrage nach Serviceleistungen im Unternehmen eingeführt wurden, liegen noch keine Profit Center vor. Ziel und Zweck dieser Serviceeinheiten ist nicht das Erwirtschaften von Deckungsbeitrag, sondern das Versorgen anderer Center mit Serviceleistungen.

Zu 2: Ein weiteres wichtiges Merkmal für ein Profit Center ist die persönliche Zuständigkeit. Bei Profit Centern handelt es sich – wie schon erläutert – um ein Führungsprinzip. Durch die Delegation (sub)unternehmerischer Kompetenzen wird dezentrale Ergebnisverantwortung geschaffen. Es braucht einen »Kümmerer«. In dem er seine eigenen Ziele verfolgt und seinen Eigennutzen optimiert, trägt er auch zur Realisierung der Unternehmensziele bei. Durch die Verbindung von Eigenverantwortung einerseits und Marktnähe andererseits (all business is local) in der Person des Profit Center Managers wird flexibles und schnelles Reagieren auf Veränderungen des Marktes möglich. Dabei ist zu beobachten, dass in dem Maße wie dezentrale Verantwortung systematisch Platz greift, die Ko-Funktionen im Controlling-Prozess an Bedeutung gewinnen. Die verstärkte Koordination der Teilziele erfordert eine entsprechend intensive Kommunikation und Kooperation aller Beteiligten. Dabei sind Controller in ihrer Rolle als Moderatoren des Controlling-Prozesses besonders gefordert.

Am Rande sei an dieser Stelle noch angemerkt, dass dieses Prinzip der persönlichen Zuständigkeit als Muss für ein Profit Center einschlägige Managementinformationssysteme nicht immer beherzigen. Vor allem bei den sich immer stärker verbreitenden OLAP-Systemen (Online Analytical Processing) werden kleinste Abrechnungseinheiten auch als Profit Center bezeichnet.

Zu 3: Die individuelle Zielformulierung ist Grundlage für die Leistungsbeurteilung des Profit Center Chefs. Die Zielformulierung bezieht sich auf den Zielmaßstab wie auch die Zielhöhe. Auf welcher Stufe der Deckungsbeitragsrechnung der Zielmaßstab greift, hängt von den Kompetenzen des PC-Managers ab.

Man könnte sagen, je weiter die Kompetenzen reichen, desto tiefer müsste sich der Zielmaßstab in der Ergebnisrechnung finden. Je nach Profit Center Typ ist ein Zielmaßstab auch insofern individuell gestaltet, als es in einer Ergebnisrechnung auch darum gehen kann, Faktoren, auf die ein PC-Manager keinen Einfluss hat, zu isolieren. So dürften einem Produkt Manager nur die Standard-Produktkosten in »Rechnung« gestellt werden. Er hat auf die Ist-Kosten in der Produktion keinen unmittelbaren Einfluss.

Individualität heißt aber auch, bei der Beurteilung der Zielhöhe nicht alle Profit Center über einen Kamm zu scheren. Nicht jener PC-Chef ist der »King«, der den absolut höchsten Deckungsbeitrag erzielt. Jeder ist ein »King«, der sein individuell vereinbartes Ziel erfüllt.

Mehrfach übermittelt wurde folgende Geschichte aus der Unternehmenspraxis. Drei Spartenleiter diskutieren über die Sinnhaftigkeit der Zielkennzahl, anhand derer sie geführt wurden. Sie ergab sich aus dem Quotienten des erzielten Deckungsbeitrages I der jeweiligen Sparte, dividiert durch die spartendirekten Strukturkosten. Der erste Spartenleiter erreichte ein 2,2 und wurde hoch gelobt. Trug er doch einen erheblichen Teil zur Deckung der Overheadkosten und zum Gewinnziel bei. Der zweite Spartenleiter lag bei 1,5 und war damit ganz happy. Der dritte Spartenleiter hatte »nur« 0,8 und war frustriert. Er meinte, die Kennzahl sie nicht richtig definiert. Er betreute eine neue Produktlinie, hatte einen hohen Anteil an F&E-Kosten und Promotionkosten für die Markteinführung seiner neuen Produkte. Der zuständige Trainer konnte ihn trösten. Die Kennzahl war in Ordnung, nur die Führung in diesem Unternehmen war es nicht. Denn nicht die absolute Höhe der Zahl dient zur Beurteilung, sondern die Erreichung einer individuellen Zielhöhe. Eine junge Sparte bekommt eben eine andere Zielvorgabe als die etablierte.

Zu 4: Bleibt als letztes Merkmal eine Center Erfolgsrechnung mit Deckungsbeitragsstufen als Zwischensummen (siehe Abbildung 4/3)

Schema der Profit Center Erfolgsrechnung

Erfolgszeile \ Erfolgsobjekt	Summe	Produkt 1 (Gruppe)	Produkt n (Gruppe)
Brutto-Erlöse	X	X	... X
./. Erlösschmälerungen	X	X	... X
Netto-Erlöse	X	X	... X
./. Standard-Produktkosten	X	X	... X
Deckungsbeiträge I	X	X	... X
Deckungsbeitrags- kennzahlen			
> DB/Einheit Erzeugnis	x	x	... x
> DB/Einheit Engpass	x	x	... x
> DBU (in % v. Umsatz)	x	x	... x
./. Artikeldirekte Struktur- kosten für Promotion	X	X	... X
Deckungsbeiträge II	X	X	... X
./. PROFIT CENTER- direkte Strukturkosten	X	X	... X
Deckungsbeitrag III => Zielmaßstab für den PROFIT CENTER-Manager	X		

Abb. 4/3: Erfolgsrechnung für ein Profit Center

Es ist ganz offensichtlich, ein PC Manager braucht für das Management seines Centers Zahlen. Ohne zielgerichtete und entscheidungsgeeignete Zahlen geht nichts. Da ein Profit Center eine Organisation der Marktbearbeitung ist, handelt es sich im Kern um eine Verkaufserfolgsrechnung. Eine solche Center Rechnung ist wesentlicher Bestandteil des Management Accounting. Aus dem Management Accounting oder internen Rechnungswesen des Controllers ist ein Kennzahlen-Cockpit für das Management zu extrahieren, welches in der Lage ist, die Anforderungen an eine zielgerichtete Unternehmenssteuerung optimal zu erfüllen.

Diese Anforderungen sind aus zweierlei Sicht begründet:

a) **Decision Accounting:** Es ist eine Anleitung zu geben für die Entscheidungsfindung im Management. Im Vordergrund steht die Beurteilung der Ergebniswirkung von unterschiedlichen Entscheidungsalternativen

b) **Responsibility Accounting:** Es sind Informationen darüber zu liefern, welcher Teilbereich des Unternehmens in welcher Höhe zum Unternehmensgewinn beigetragen hat. Somit geht es insbesondere um die faire Beurteilung der Zielerfüllung des PC Verantwortlichen.

Will der PC Leiter wissen, welches Erzeugnis »der bessere Verdiener« innerhalb seines Sortiments ist, so muss er sich nach der Zeile »Deckungsbeiträge I« richten. Dort sind die Informationen für sein »decision accounting« zu finden. Je nach der vorherrschenden Situation ist eine der drei Strategie-Kennzahlen zur Festlegung der Artikelpriorität zu wählen.

Die »kleinen x« bei den Strategiezahlen sollen bedeuten, dass es sich um Informationen je Einheit handelt, während die »großen X« Informationen je Zeitraum darstellen. Für die Artikelpriorität ist je nach Engpasslage eine der Strategiezahlen maßgebend: Der Deckungsbeitrag je Einheit, wenn der Engpass im Bedarf des Marktes (Bedarf in Einheiten) an dem betreffenden Artikel zu sehen ist; der Deckungsbeitrag in Prozent vom Erlös, wenn wegen eines Einkaufsbudgets des Kunden in Euro (Finanz- oder Umsatzplangründe) oder aus Gründen sonstiger Euro-Kontingentierung (Begrenzung des Liefervolumens auf Kredit bei einem säumigen Zahler, Etat öffentlicher Auftraggeber, Importkontingente aus Devisengründen) der zu erzielende Umsatz als limitierender Engpass wirkt; der Deckungsbeitrag je Stunde, wenn eine Produktionskapazität der Engpass ist, sei es aus Gründen fehlender Mitarbeiter (Personalengpass) oder fehlender maschineller und baulicher Kapazitäten (Kapitalengpass). Profit Center Denkweise ist stets Markt geprägt – **costumer focus**. Damit denkt der ergebnisverantwortliche Produktgruppenleiter in Geschäftsprozessen vom Kunden her. Bei allem Konzentrieren auf die eigene Zielsetzung ist dabei einzufügen, dass Marktbearbeitung in abwickelnden Ressorts Kosten treibende Wirkung haben kann. Vor allem wenn zu den Deckungsbeitragsprioritäten eine Differenzierungsstrategie etwa in Sortenvielfalt kommt.

Nach Abzug der artikeldirekten Strukturkosten für Werbung und Verkaufsförderung ergibt sich der Deckungsbeitrag II als Einstieg zur Beurteilung der innerhalb der Sparte für ein Erzeugnis betriebenen Marktstrategie. Der Deckungsbeitrag II könnte auch persönlicher Erfolgsmaßstab von Produkt-Managern sein, die unter dem PC Chef stehen und für Planung und Steuerung der Werbe- und Verkaufsförderungsbemühungen einzelner Artikel zuständig sind. In einer technischen Firma entsprächen den artikeldirekten Kosten für Werbung und Verkaufsförderung die Kosten des artikeldirekten Engineerung (Offert- und Konstruktionsarbeit) der Anwendungstechnik.

Nach dem Deckungsbeitrag II werden die PC direkten Strukturkosten abgezogen. Handelt es sich um einen Regionalleiter, sind hier die Kosten des Verkaufsbüros, Personalkosten der Verkäufer und Fahrzeugkosten zu finden. Auch die Kosten der IT, z.B. für die Verkäufer-Notebooks gehören hier dazu. Geht es um eine ganze Sparte (siehe nachfolgendes Kapitel), die ihre eigene Produktion und Forschung betreibt, sind im Modellschema in der Summenspalte für den PC Chef auch die direkten Produktions- und Forschungskosten ausgewiesen. Der danach entstehende DB III ist der Zielmaßstab für den PC Manager. Wie kann nun der PC Leiter auf seinen Zielmaßstab direkt Einfluss nehmen? Kurzfristig kann er dies tun, in dem er

– eine größere Menge absetzt
– höhere Verkaufspreise realisiert
– den Produktmix verbessert
– seine Strukturkosten besser managt

Diese Maßnahmen könnten kurzfristig wirken, wenn es darum geht, die Ergebnislücke innerhalb eines Geschäftsjahres zu schließen.

Entsteht eine langfristige Gewinnlücke, so bedarf es gegebenenfalls strategischer Veränderungen. Dies gilt vor allem für den Spartenchef als PC Leiter in seiner Strategieverantwortlichkeit. Dann sind gegebenenfalls neue Erzeugnisse einzuführen, neue Anwendungsbereiche für bereits eingeführte Produkte zu erschließen. Auch neue Produktionsverfahren oder neue Vertriebswege und Märkte kommen in Frage.

Das setzt die Bereitschaft und Kompetenz voraus, heute Deckungsbeiträge in Entwicklungsprojekte zu investieren. Nur so ist Nachhaltigkeit und damit auch langfristige Ergebnisverantwortung des PC Leiters machbar.

Anmerkungen zu den Umlagen – Das »Dättele-Prinzip«

Im Schema der Profit Center Erfolgsrechnung finden sich keine Umlagen. Umlagen verstoßen gegen die Grundprinzipien des Decision und Responsibility Accounting. Sie sollten tunlichst vermieden werden. Der konzeptionelle Aufbau einer Centererfolgsrechnung folgt dem Einzelkostenprinzip. Umlagen würden dieses Prinzip durchbrechen. Die Verfasser sind sich wohl der weit verbreiteten Umlagen-Praxis in den Unternehmen bewusst, empfehlen aber dennoch diesen Methodenbruch zu unterlassen! Warum?

Mit Umlagen verhält es sich wie mit dem letzten Rest beim Familien-Sonntagsessen. Eine nicht unerhebliche Menge an Kartoffelpüree bleibt übrig. Die Mutter stört sich daran und bietet dem Filius einen Teil davon an mit den Worten:»Bue, willst Du noch ein Dättele Püree?« (Schwäbisches Lexikon: Bue (auch Bueble) = kleiner Junge, Bube; Dättele = kleiner Haufen). Auf diese Weise verteilt die fürsorgliche Mutter an die versammelten Familienmitglieder eine doch beträchtliche Menge an Püree. Jetzt ist nichts mehr übrig, die Mutter ist beruhigt. Vater und Kinder schlucken ihr Dättele runter. Keiner beschwert sich.

Darin liegt wohl der Unterschied. Beim Runterschlucken der Umlagendättele beschweren sich die Spartenverantwortlichen zum Teil heftig. Keinem schmeckt das so richtig.

Umlagen sind für das Responsibility Accoutning Gift. Sie unterwandern den fairen Zielmaßstab des Profit Center Chefs, denn er kann weder die Höhe der originären Kosten, noch die Höhe der Umlagen direkt beeinflussen. Im Zweifel verabschiedet sich der Betroffene von seinem Zielmaßstab. Er fühlt sich nicht mehr zuständig. Vielleicht findet noch eine Diskussion auf Nebenkriegsschauplätzen statt. Man lenkt von der eigenen Kosten- und Deckungsbeitragsverantwortung ab.

Auch im Bereich des Decision Accounting sind Umlagen störend. Sie können zur Vollkosteninformation führen, dass ein Produkt, ein Kunde oder eine ganze Sparte ein Verlustbringer sei. Schnell hat man sich von diesem Produkt, Kunden, Sparte verabschiedet und stellt dann überrascht fest, dass sich die umgelegten Kosten durch diesen Entscheid nicht ändern. Auf diese Weise wurde in der Vergangenheit viel Deckungsbeitrag und mancher Arbeitsplatz vernichtet.

Statt Umlagen sollten die in Anspruch genommenen Dienste über transparente Leistungsvereinbarungen geregelt werden. Ein Versorgungsvertrag zwischen abnehmenden (Profit) Centern und leistenden Serviceeinheiten wird mit fairen Verrechnungspreisen geschlossen. So werden direkt gewidmete Prozesse und die dafür erforderlichen Ressourcen in Rechnung gestellt. Für den Rest an Overhead sind individuell für jede Sparte Ziel-Deckungsbeiträge nach dem Prinzip der Tragfähigkeit zu vereinbaren.

Umlegen ist auch aus kommunikativer Sicht ein Unwort. Es erinnert (vielleicht auch nur im Unbewussten) an brachiale Methoden zur Zeit des Wilden Westens. Betriebs**abrechnungs**bogen und Materialgemeinkosten**zuschlags**sätze gehen im Zweifel in eine ähnliche Richtung. Vorsicht also mit technischen Begriffen. Entscheidend bei der Kommunikation ist das, was beim Empfänger ankommt.

Profit Center und Division

Diese beiden Begriffe werden sehr häufig in einen Topf geworfen. Sie sind aber nicht identisch. Unter einer »Division« oder Sparte versteht man einen Bereich der Unternehmung, der einen Teil des Erzeugnisprogramms umfasst. Zum Beispiel in einem chemischen Konzern die Sparte Pharmazeutika neben der Sparte Farben, der Sparte Kunstfasern, der Sparte Pflanzenschutzmittel. Oder in einem Maschinenbauunternehmen die Sparte Kunststoffmaschinen neben der Sparte Verfahrenstechnik, der Sparte Umweltschutzmaschinen (wie z.B. Müllverbrennungsanlagen, Abgasreiniger), der Sparte Waggonbau.

Schaut man ins Web, so finden sich in den einschlägigen Homepages bekannter Dax-Konzerne die unterschiedlichsten Ausprägungen von Spartenorganisation. Eher selten wird explizit von Sparten gesprochen. So nennt die Allianz AG drei Geschäftsfelder: Schaden- und Unfallversicherung, Lebens- und Krankenversicherung sowie Vermögensmanagement und Banking. Die Deutsche Bank spricht von drei Divisions: Corporate and Investment Bank, Corporate Investments, Private Clients and Asset Management. Die Deutsche Telekom weist vier Geschäftseinheiten aus: T-Com, T-Mobile, T-Online und T-Systems. Sie werden häufig auch als die vier Säulen bezeichnet. BMW hat drei Geschäftsbereiche: Automobile, Motorräder und Finanzdienstleistungen. BASF zählt fünf Geschäftssegmente auf: Chemikalien, Kunststoffe, Veredelungsprodukte, Pflanzenschutz und Ernährung, Öl und Gas. Der stark diversifizierte Familienkonzern Haniel erwirtschaftet seinen Umsatz mit sechs Unternehmensbereichen: Pharma-Handel und Services, Brand- und Wassersanierung, Recycling und Handel mit Rohstoffen für die Edelstahlindustrie, Textile Dienstleistungen, Waschraumhygiene und

Schmutzfangmatten, Business to Business Versandhandel für Büro-, Betriebs- und Lagereinrichtungen, Baustoffe, Rohstoffe und Befestigungstechnik für die Bauindustrie.

Die Möglichkeiten der Spartenorganisation oder die Realisierung des Divisions-Prinzips gibt es für die unterschiedlichsten Geschäftsmodelle. Auch bei Einzelfertigung kann man Sparten bilden; meist dann als einzelne Projekte. In einem Ingenieur-Unternehmen könnte jeder Projekt-Manager als Spartenchef fungieren, soweit er nicht nur für den technischen Erfolg des von ihm betreuten Projekts zuständig ist, sondern auch dafür, dass das Projekt mit seinem Deckungsbeitrag II angemessen über die Runden kommt. Dieser Deckungsbeitrag II wäre der Projekterlös als Überschuss über die Projekt-Produktkosten (meist als Einzelkosten des Projekts zu erfassen wie Materiallieferungen oder die Vergabe von Lohnaufträgen) und die projektdirekten Strukturkosten (Gehalt des Projekt-Managers und seiner Mitarbeiter, die Reisekosten, direkte Reservierung von Computerzeiten, usw.).

Eine Sparte oder »Division« ist stets auch ein Profit Center. Der Spartenchef betreut einen abgrenzbaren Sub-Unternehmensbereich, für den sich ein eigener Erfolgs-Maßstab als Deckungsbeitrag II aufbauen lässt. Umgekehrt aber muss ein Profit Center nicht gleichzeitig eine Sparte oder Division sein. Eine Profit Center-Konstruktion lässt sich vor allem auch für **regionale** Verkaufs-Chefs einrichten. Der Leiter eines Verkaufsbüros etwa, der ein bestimmtes Gebiet betreut, oder ein Filialleiter in einem Lebensmittelfilialgeschäft bzw. einem Kreditinstitut oder einer Versicherung, kann zum PC-Chef entwickelt werden (»job enrichment«), wenn er seine Verantwortung nicht mehr allein im Umsatz, sondern in einem Deckungsbeitrag II oder III sieht. Die direkten Strukturkosten wären hier jene, die im Verkaufsbüro oder der Filiale direkt anfallen. Jeder einzelne Verkäufer könnte auch PC-Funktion ausüben.

Prinzip der Sparten-Organisation

Dabei tritt an die Stelle der herkömmlichen funktionalen Betrachtungsweise Verkauf/Produktion/Forschung/Einkauf die Organisation nach Produktgruppen oder Projekten. Die Unternehmung besteht nicht aus einem einzigen »Angriffskeil«, sondern aus einer ganzen Kette separater, in sich abgerundeter und in der Gewinnverantwortung abgegrenzter Teilkeile, die auf einem »Fundament« verknüpfender und koordinierender Funktionen und Systeme aufbauen. Jedes Gewinn-Zentrum steuert den Erfolg einer Produkt- oder Leistungsgruppe. Es handelt sich um Unternehmen im Unternehmen. Bereits in den 20er Jahren des letzten Jahrhunderts begannen große amerikanische Konzernunternehmen als Folge von Diversifikationsentscheidungen Divisions zu bilden. So war es Alfred P. Sloan bei General Motors, der erstmalig eine Divisionalisierung umsetzte. Er begriff GM als ein »central office surrounded by autonomously operating satellites«. GM wurde so zur Nummer 1 der amerikanischen Automobilindustrie.

Die verantwortlichen Sparten-Manager haben umfassende Entscheidungskompetenz über Verkauf, Produktion, Entwicklung und Einkauf innerhalb ihrer Produktfamilie oder Leistungsgruppe.

Man spricht in diesem Zusammenhang von der Organisation

– nach Geschäftssparten
– nach Produktbereichen
– nach »divisions«
– nach Projektgruppen
– nach Unternehmensbereichen
– nach Business Units
– nach Geschäftssegmenten,

womit immer wieder dasselbe gemeint ist: Der Spartenleiter ist verantwortlich als echter Intrapreneur für den Markterfolg und das Ergebnis seiner Produktgruppe. Das ist er nicht nur im laufenden Jahr, sondern auch für die Zukunft. Deshalb sollte in den Bereich des »Division-Managers« auch die Entwicklung gehören. Er muss wissen, dass er in der Gegenwart Gewinne bzw. Deckungsbeiträge hergeben muss für die Forschung, damit er auch in Zukunft ausreichende Deckungsbeiträge sicherstellt.

Die zuvor genannten Merkmale zur Bildung von Profit Centern gelten in gleicher Weise: Es gibt einen verantwortlichen Spartenleiter, es braucht eine individuelle Zielformulierung auf Basis eines Deckungsbeitrags III (= Sparten-DB) und es ist eine entsprechende Spartenerfolgsrechnung im Stile der zuvor dargelegten PC-Erfolgsrechnung erforderlich. Lediglich die zu erfüllende Aufgabe ist umfassender.

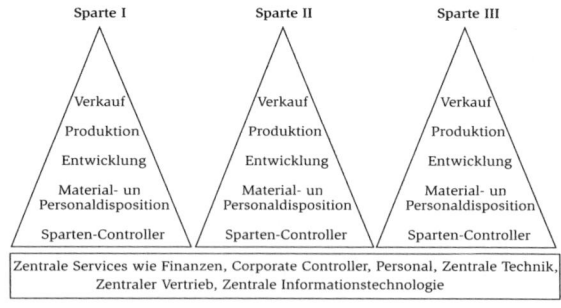

Abb. 4/4: Schema der Sparten-Organisation

Der Spartenleiter führt die Funktionen Verkauf, Produktion, Entwicklung sowie die laufende Disposition von Mitarbeitern und Material. Die dezentrale Disposition in den Sparten ist in Verbindung zu sehen mit zentralen Funktionen wie: »Materialbeschaffung« (Konzern-Rahmenabschlüsse, um Mengenrabatte besser auszunutzen; Entwicklung der Lieferantenpolitik, Vertragsmuster) sowie Personal (Vertragsgestaltung, Lohnabrechnung, Mitarbeiterförderung, Schulung). Die eigentliche Material- und Personaldisposition sollte aber möglichst an den Spartenleiter delegiert werden; denn es handelt sich um beachtliche Kostenbeträge, über die er unternehmerisch disponieren soll. Es fordert die koordinierte und langfristig ausgewogene Planung innerhalb der Sparte, dass rechtzeitig das benötigte Material bei den Maschinen ist sowie die erforderlichen Mitarbeiter nach Anzahl und Qualifikation einsatzbereit sind.

Die zentralen Funktionen oder auch »Shared Services« sorgen für Koordination der Personalpolitik, für eine wirtschaftliche Abrechnung sowie für Rahmenverhandlungen. Ähnliches gilt für das Zusammenspiel zwischen dem Forschungsgruppenleiter innerhalb der »Division« und dem Zentral-Forschungsleiter. Der zentrale Forschungsbereich sorgt für den gemeinsamen Service, für eine konzertierte Forschungs- und Entwicklungspolitik, für eine zentrale Beobachtung der Entwicklung auf dem Sektor der Firma im Ausland. Praktisch kommt es hier zu einer so genannten »dotted line responsibility« (gestrichelte Linien im Organisationsplan). Disziplinär untersteht der Sparten-Forschungsleiter dem Spartenleiter. Fachlich muss er sich nach den Richtlinien des zentralen Forschungsbereichs richten.

Voraussetzungen und Grenzfälle bei der Einführung einer Spartenorganisation

Drei Voraussetzungen sind notwendig – bzw. müssen durch die langfristige Organisationsplanung geschaffen werden –, damit eine klare Spartenorganisation mit einwandfreier Delegation der Gewinnzielsetzung eingeführt werden kann:

1. Das Artikelsortiment muss unmittelbar auf dem Markt abgesetzt werden und technisch abgrenzbar sein.
2. Beim Verkauf der zu einer Sparte gehörigen Produkte ist jeweils ein besonderer technischer Know-how erforderlich **oder**
   die Kunden dürfen nicht identisch sein; d.h. es müssen für die einzelnen Sparten getrennte Vertriebswege bestehen.
3. Die Produktion muss – zumindest in den wichtigsten Teilen – in getrennten Abteilungen erfolgen; möglichst sogar in eigenen Werken.

Während die beiden ersten Voraussetzungen für eine erfolgreiche Spartenorganisation unabdingbar sind, kann man innerhalb der Voraussetzung 3. am ehesten Kompromisse schließen mit der Folge von Verrechnungspreisen allerdings (siehe später).

Ist man in der Praxis vor die Aufgabe gestellt, eine Sparten-Organisation einzuführen, kann man auf Besonderheiten stoßen, die sich mit einer klassischen Spartenorganisation nicht immer lösen lassen. Hier seien vier Beispiele für solche Grenzfälle gelistet.

a) Stufenproduktion

Durch die Technik der Produktion kommt es häufig vor, dass die Erzeugnisse einzelner Produktionsabteilungen den Charakter von Zwischen-Produkten für die eigene Weiterverarbeitung haben. Zum Beispiel liefert ein Stahlwerk seine Stahlblöcke auf die eigene Walzenstraße; oder eine Spinnerei liefert ihr Garn an die eigene Weberei, diese wieder ihre Stoffe an die eigene Konfektion, oder ein Bergwerk die Kohle an die eigene Kokerei bzw. das eigene Elektrizitätswerk.

Hier wären dadurch Profit Centers zu schaffen, dass man den Übergang von Garn in die Weberei bzw. Kohle in die Kokerei mit Marktpreisen für die betreffenden Rohstahl-, bzw. Garn- bzw. Kohlesorten bewertet. Auf diese Weise würde eine einzelne Produktionsstufe so behandelt, als hätte sie eine Marktleistung erbracht und sei ein Unternehmen völlig für sich. Allerdings sollte eine solche Maßnahme nur dann erwogen werden, wenn Marktpreise für die Zwischenerzeugnisse der einzelnen Stufen auch wirklich existieren. Außerdem empfiehlt sich nicht, wenn man, gefördert durch das Abrechnungsschema, stillschweigend zuließe, dass sich der Spinnereileiter einen eigenen Verkauf einverleibt, weil er das Gefühl hat, noch besser verkaufen zu können, als der Webereileiter bei ihm abnimmt. Oder dass die Weberei sich einen eigenen Garneinkauf aufbaut, um das Garn noch günstiger beziehen zu können als von der eigenen Spinnerei. Um solchen Tendenzen entgegenzuwirken, wäre zu erwägen, dass die einzelnen Stufen je nach Marktlage und Beschäftigungssituation über die zwischen ihnen gültigen Verrechnungspreise verhandeln – am besten innerhalb bestimmter Bandbreiten so ähnlich wie einst beim System der internationalen Wechselkurse. Das Überschreiten der Bandbreite würde – Prinzip des Management by Exception – erfordern, dass sich der Controller einschaltet – »Interventionspunkt«.

b) Die Kunden sind identisch

In einem Unternehmen der Süßwarenindustrie könnte es zum Beispiel zweckmäßig sein, die Produktgruppen »Tafelschokolade« und »Pralinen« als getrennte Sparten zu führen und zwei Produktbereichsleiter damit zu betrauen. Von den Artikeln her wäre dieses Vorgehen sinnvoll. Auch die Produktion lässt sich in den entscheidenden Punkten separieren – es gibt einen Schokoladebetrieb und einen Pralinenbetrieb mit je einem Betriebsleiter – nur die Kunden sind identisch. Da beim Verkaufen von Tafelschokolade einerseits und von Pralinen andererseits kein besonderes technisches Know-how erforderlich ist, würde es beim Kunden störend wirken, wenn einmal der Schokoladenverkäufer und gleich darauf der Pralinenverkäufer von ein- und derselben Firma einträfe. Dies gilt vor allem bei Ketten und Großfilialisten – den key accounts.

c) Es besteht Kuppelproduktion

In einem Unternehmen der Mineralölindustrie wäre eine artikelorientierte Spartenorganisation nicht durchführbar. Der Output der Raffinerie besteht gleichzeitig aus Benzin, Heizöl, Schmieröl, Bitumen und anderen Stoffen. Folglich hätte es keinen Sinn, einen Spartenchef für Heizöl und einen anderen für Benzin einzusetzen. Im Sommer würde der Benzinchef zu Lasten des Heizölkollegen Deckungsbeiträge erzielen, im Winter wäre es umgekehrt. Eine Spartenorganisation muss sich deshalb nach anderen Gesichtspunkten orientieren – zum Beispiel am Vertriebsweg. So könnte man einen Sparten- und damit Profit Center-Chef für das Tankstellengeschäft einsetzen, einen anderen für das Industriegeschäft, einen dritten für die Luftfahrtgesellschaften, einen vierten für öffentliche Auftraggeber. Jeder Spartenchef würde versuchen, auf seinem Vertriebsweg möglichst viele Deckungsbeiträge I zu erwirtschaften – sowohl durch die eigenen Erzeugnisse aus den Raffinerien oder der eigenen Weiterverarbeitung als auch durch Handelswaren – und dies mit einer möglichst knappen Apparatur an direkten Strukturkosten (Deckungsbeitrag II des Vertriebsweg-Spartenchefs).

d) Zur Sparte gehören nur Verkauf und Engineering; das Werk bleibt zentral.

Der Grund dafür liegt in den Strukturkosten. Kann man eine industrielle Kapazität für mehrere Sparten einsetzen, so hat es keinen Sinn, dass jeder Spartenchef sich sein eigenes Werk hinstellt. Trotzdem besteht auch hier die Chance einer voll gültigen Spartenorganisation. Nur tritt beim Übergang der Leistungen der Produktion in den Vertriebsbereich die später zu erörternde Frage der **Verrechnungspreise** auf.

Business Case I: Medizintechnisches Unternehmen Dental AG

Die folgende Abbildung zeigt das Organigramm der Dental AG. Die Dental AG ist ein Unternehmen der Medizintechnik. Sie produziert und vertreibt die unterschiedlichsten Dentalprodukte in den Anwendungsgebieten Prävention, Prothetik und Zahnerhaltung. Diagnostika, Kronen und Brücken, Füllmaterialien und Abformmassen gehören ebenso zum Sortiment wie Anästhetika, Mischgeräte und vieles mehr. Die Produkte werden in 7 Produktionsbereichen hergestellt und über regionale Verkaufsniederlassungen vertrieben. Im Zentrum der Marktbearbeitung stehen die Business Teams, die als strategische Geschäftseinheiten auf die unterschiedlichen Kundengruppen bzw. Anwendungsgebiete ausgerichtet sind. Hierzu zählen Zahnärzte, Dentallabors und Zahnkliniken. Die Business Teams nehmen Spartenverantwortung wahr. Unterstützt werden die Bereiche durch verschiedene Service Center. Dazu gehören Laborbetriebe, die EDV, der Personalbereich. Das Rechnungswesen und der Controllerbereich werden als Cost Center geführt. Die folgende Abbildung zeigt das Organigramm der Dental AG.

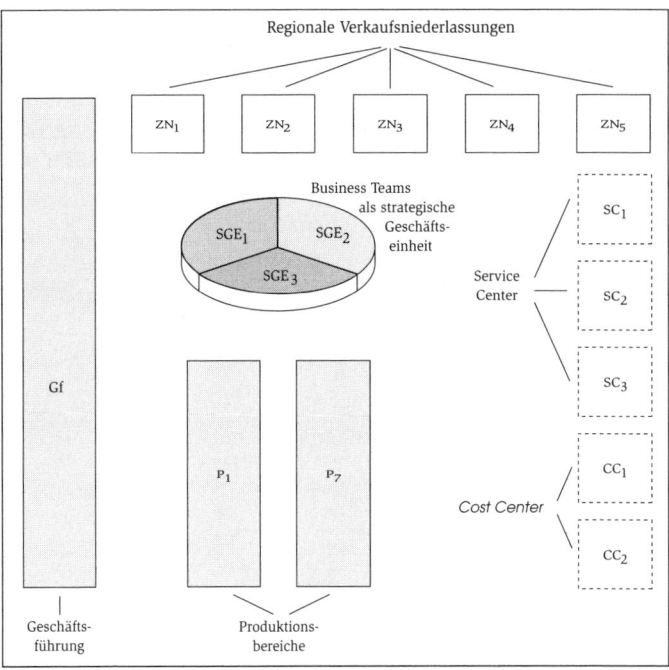

Abb. 4/5: Organigramm der Dental AG

Zuerst ist hier die Frage zu beantworten, ob eine Spartenorganisation sinnvoll ist. Prüfen wir also die zuvor genannten Voraussetzungen zur Einführung einer Spartenorganisation:

1. Das Sortiment wird unmittelbar auf dem Markt abgesetzt.
2. Die Kunden sind für die Business Teams nicht identisch. Es
   bestehen getrennte Vertriebswege für Zahnärzte, Dentallabors und Kliniken. Die Verkaufsniederlassungen werden
   zudem als Profit Center geführt.
3. Die Produktion ist zwar in 7 Bereiche getrennt. Die Trennung ist bestimmt durch die unterschiedliche Produktions-
   technik und hat keinen Bezug zu den Business Teams.
   Demzufolge werden bei der Dental AG Verrechnungspreise
   nötig!

Mit der Variante in Punkt 3 ist eine Spartenorganisation möglich. Die Sparten werden als Profit Center geführt. Die Leiter der Business Teams sind ergebnisverantwortlich. Um ihrer Ergebnisverantwortung gerecht werden zu können, entwerfen die Controller für die Spartenmanager untenstehende Center Erfolgsrechnung.

	SGE_1	SGE_2	SGE_3	Gesamt
Netto-Erlöse	X	X	X	X
./. Standard-Produktkosten des Absatzes, bzw. Standard-Umsatzeinstand (–> Verrechnungspreis, S. 101)	X	X	X	X
= Deckungsbeiträge I	X	X	X	X
./. SGE-Direkte Strukturkosten	X	X	X	X
= Deckungsbeiträge II	X	X	X	X
./. Produktion				X
./. Service Center				X
./. Cost Center, Geschäftsführung				X
./. Ergebnis (EBIT-Ziel)				X
= Management + Erfolg				0

Abb. 4/6: Sparten-Erfolgsrechnung der Dental AG

Die ziel- und entscheidungsgeeignete Sparten-Erfolgsrechnung der Dental AG enthält zwei bzw. drei Deckungsbeitragsstufen. Ausgehend von dem Nettoerlös, der den Business Teams (gegebenenfalls nach Abzug standardisierter Erlösschmälerungen; verantwortlich für die effektiv gewährten Erlösschmälerungen sind die Verkäufer bzw. die Niederlassungsleiter vor Ort) zugewiesen werden kann, kommen die standardisierten (geplanten) Produktkosten der abgesetzten Einheiten in Abzug. Daraus resultiert der Deckungsbeitrag I pro Sparte (= Strategische Geschäftseinheit SGE) bzw. Business Team. Dieser ist bereits zusammengefasst, könnte aber pro Artikel ausgewiesen werden, um Sortimentsprioritäten innerhalb eines Business Teams erkennen zu können.

Nach dem Deckungsbeitrag I werden sämtliche direkte Strukturkosten der SGE abgezogen. Hierzu zählen auch solche, die von der Produktion und diversen Service Centern auf dem Wege einer internen Verrechnung der tatsächlich in Anspruch genommenen Leistungen in Rechnung gestellt werden (hierzu später noch mehr). Der Deckungsbeitrag II ist damit der Zielmaßstab für den Leiter des jeweiligen Business Teams (Spartenchef).

Mit der Summe der erwirtschafteten Deckungsbeiträge II sind zu decken verbleibende Strukturkosten der Produktion, der Service und Cost Center sowie der Geschäftsführung. Der Gewinnanspruch im Sinne eines formulierten EBIT-Ziels (Earnings before interest and taxes) wird gleichfalls wie ein zu deckendes Budget behandelt. Im Planungsfall bei Übereinstimmung von Bottom up und Top down resultiert zuletzt ein Managementerfolg von (rechnerisch) Null. Erfolg des Managements besteht in der Erreichung des EBIT-Ziels.

Diskussionen könnten nun bei der Beantwortung der Frage ausgelöst werden, wie das Leistungsgeflecht zwischen den die Leistungen abnehmenden Sparten einerseits und den die Leistungen erbringenden Produktionsbereichen und Service Centern andererseits geregelt werden soll (symbolisiert durch die Pfeile in der Abbildung). Damit betreten wir das weite Feld der Verrechnungspreise.

Verrechnungspreise

Die in der Praxis zu beobachtende Diskussion über Verrechnungspreise ist ebenso vielschichtig wie strittig. Streit entbrennt immer wieder über den »richtigen« Verrechnungspreis. Den »richtigen« Verrechnungspreis gibt es jedoch nicht. Denn es existiert eine Vielzahl von Motiven einerseits und Methoden andererseits zur Bildung von Verrechnungspreisen. Außerdem scheint die Bezeichnung »richtig« häufig nur ein Platzhalter zu sein für »zu hoch« im Falle einer Belastung oder für »zu niedrig« im Falle einer Entlastung. Nicht zuletzt deshalb sind große Konzerne dazu übergegangen, Schlichtungsverfahren und Schlichtungsinstanzen einzurichten für den Fall, wenn sich zwei Bereiche über den Verrechnungspreis nicht einigen können. Der zentrale Controller-Service dürfte als Schlichtungsinstanz am besten geeignet sein. Er besitzt die nötige Neutralität und verfügt auch über die entsprechende Methodenkompetenz.

Die Vielschichtigkeit des Themas beruht zuerst darauf, dass Verrechnungspreise einmal aus der Perspektive der betriebswirtschaftlichen Steuerungsfunktion diskutiert werden können. Das soll hier im Vordergrund stehen. Zum zweiten ist die Verrechnungspreisbildung auch aus Sicht der externen Rechnungslegung zu betrachten. Dabei geht es sowohl um die Bewertung des Vorratsvermögens als auch um die Position der Herstellungskosten im Umsatzkostenverfahren. Bezieht man hier noch Fragen der gesellschafts- und steuerrechtlichen Gewinnentstehungspolitik mit ein und betrachtet zudem die Veränderungen durch die internationalen Rechnungslegungsvorschriften wie IFRS oder auch US-GAAP, dann ist die Thematik an Komplexität kaum noch zu überbieten. Nicht zuletzt deshalb ist dies auch externen Spezialisten wie Wirtschaftsprüfern oder Steuerberatern vorbehalten. Dieser Aspekt soll hier auch nur am Rande erörtert werden.

Die betriebswirtschaftliche Steuerungsfunktion von Verrechnungspreisen wurde ja bereits von Eugen Schmalenbach erkannt. Mit seiner, von ihm benannten, pretialen Lenkung ging es ihm ja vor allem darum, innerhalb des Unternehmens einen internen Marktmechanismus durch Verrechnungspreise zu installieren. Dieser Gedanke hat auch heute noch herausragende Bedeutung.

Betrachtet man nochmals das Fallbeispiel Unternehmen Dental AG in Abbildung 4/5, so ergeben sich innerhalb einer solchen Unternehmensstruktur die vielfältigsten Leistungsbeziehungen:

- die Produktionsbereiche beliefern den Verkauf bzw. die Business Teams mit dentalen Endprodukten für die Kunden
- die Serviceeinheiten beliefern alle Einheiten mit internen Dienstleistungen wie z.B. IT-Dienstleistungen
- die Produktionsbereiche beliefern sich untereinander mit Zwischenprodukten bzw. Halbfabrikaten
- die Cost Center oder die Geschäftsführung erbringen Leistungen, die dem gesamten Unternehmen zugute kommen.

Hätte ich in diesem Unternehmen eine Beratungsfunktion auszuüben, dann würde ich die Frage wagen, ob überhaupt Verrechnungspreise nötig sind. Wäre das gesamte Unternehmen eine rechtliche Einheit, gäbe es zuerst mal keinen Grund, interne Leistungen über Preise zu verrechnen. Je kleiner und überschaubarer ein Unternehmen ist, desto eher würde ich von einer internen Leistungsverrechnung abraten. Denn es ist in jedem Fall der administrative Aufwand einer Leistungsverrechnung dem erzeugten Nutzen – also der betriebswirtschaftlichen Steuerungsfunktion – gegenüberzustellen. Solange das Unternehmen seine originären Kosten im Griff hat und rentabel arbeitet, gibt es keinen ersichtlichen Grund. Zumal die Verrechnung alleine noch nicht die Kosten senkt. Dies kommt auch einer zunehmend zu hörenden Forderung nach simplifizierter Kostenrechnung und schlanken Planungsprozessen entgegen. In jedem Fall ist ein einfaches System und voll verantwortliche Center Manager zu bevorzugen, die ihre Kosten originär bei der Entstehung gemäß ihren persönlichen Zielvereinbarungen managen. Was allerdings in kleineren und mittleren Unternehmen funktionieren mag, ist aber in großen, konzerngeprägten Einheiten nicht mehr praktikabel.

Fragt man somit nach berechtigten Motiven für Verrechnungspreise, so wird häufig als wichtiger Grund die **Verkaufspreisschutzfunktion** genannt. Das lässt sich am Beispiel der Abbildung 4/7 darstellen.

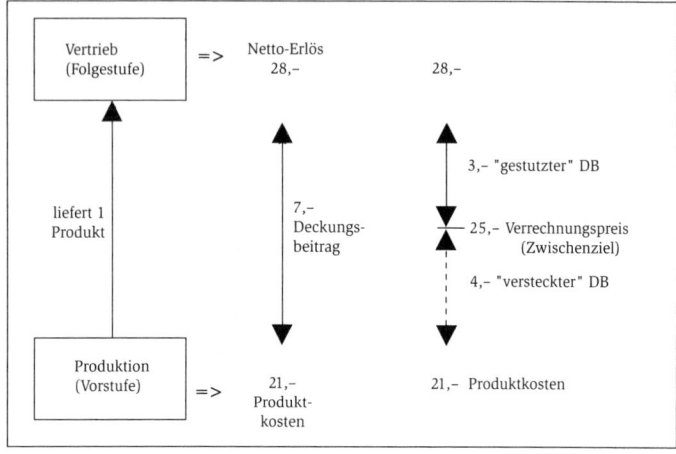

Abb. 4/7: Verrechnungspreis zum Schutz des Verkaufspreises

Der Verkauf erzielt in der Situation ohne Verrechnungspreis einen (attraktiven) Deckungsbeitrag von 7 Euro. Nun besteht die Gefahr, dass ein Verkäufer in Kenntnis des Deckungsbeitrags bei Preisverhandlungen eher nachgibt. Das mag insbesondere dann gelten, wenn der Deckungsbeitrag vom Verkäufer subjektiv als hoch empfunden und möglicherweise, wegen fehlender betriebswirtschaftlicher Kenntnis, mit Gewinn gleichgesetzt wird. Damit verbunden ist die Grundsatzfrage, ob die Deckungsbeiträge den Verkäufern vor Ort überhaupt mitgeteilt werden sollen. In manchen Branchen wird dies mit einem klaren Nein beantwortet.

Der festgelegte Verrechnungspreis von 25 € stutzt jetzt den Deckungsbeitrag des Verkaufs auf 3 €. Die 25 € sind aus Sicht des Verkaufs der Umsatzeinstand. Der Verkauf behandelt den Verrechnungspreis wie Grenzkosten. Es ist für den Verkauf, der wie ein Händler agiert, der Einstandspreis. Multipliziert mit der Absatzmenge ergeben sich die proportionalen Kosten, die nach Abzug vom Erlös zum Deckungsbeitrag I führen. Der Deckungsbeitrag II oder III für den Verkauf müsste dann als Ziel entsprechend niedriger angesetzt sein.

Der Nachteil dieser Variante könnte allerdings darin bestehen, dass die Steuerungsentscheidungen der einzelnen Verkaufsmanager mit den Steuerungserfordernissen der Gesamtfirma nicht mehr synchronisiert sind. Das ist dann der Fall, wenn die gestutzten Deckungsbeiträge andere Prioritäten im Sortiment auslösen als die tatsächlichen. Der Controller-Service müsste dann dafür Sorge tragen, dass die gestutzten Deckungsbeiträge korrigiert werden. Alternativ könnte eine Strategieliste die tatsächlichen Prioritäten in Form von Scoring-Werten oder Gewichtungsfaktoren dem Verkauf übermitteln.

Für die Dental AG war weniger der Schutz des Verkaufspreises das Motiv, sondern vielmehr eine eindeutige **Zuordnung der Ergebnisbeiträge** zu den »Business Teams« (= Sparten). Da die Kapazitäten der sieben Produktionsbereiche von den drei Business Teams völlig unterschiedlich in Anspruch genommen werden, war auch eine differenzierte Belastung der Sparten mit den Strukturkosten der Produktion geboten. Grundsätzlich stehen in diesem Fall drei Varianten zur Auswahl:

a) Marktpreis
b) Produktkosten plus Strukturkosten pro Zeitraum en bloc
c) Produktkosten plus anteilige Strukturkosten pro Stück

Variante a):
Eine Verrechnung zu Marktpreisen kann geboten sein, wenn die Marktpreise niedriger liegen als die Herstellungskosten im Sinne von Vollkosten. Denn würde man jetzt zu Vollkosten verrechnen, bestünde die Gefahr, dass die Business Teams sich am Markt bedienten. Zunächst ist dies ein starkes Signal an alle, wenn ein Dritter mit vernünftiger Kalkulation, unter Einbezug von Vertriebs- und Verwaltungskosten sowie Gewinnanteil, unter den eigenen Herstellungskosten anbieten kann. In einem großen Konzern verliert man schnell den Überblick, ob die Business Units »fremdgehen«. So wurde bei einer lokalen Zweigniederlassung eines bekannten Automobilherstellers seltsames beobachtet. Für das in Reparatur befindliche Fahrzeug wird ein

typgleicher Ersatzwagen eines bekannten Autovermieters dem Kunden zur Verfügung gestellt. Auf Nachfrage wird dem verdutzten Kunden mitgeteilt, der Autovermieter sei günstiger als das Fahrzeug aus der Zentrale. Um solche Fehlsteuerungen zu vermeiden, bietet sich der niedrigere Marktpreis an.

Die Konsequenz in der Ergebnisrechnung ist dann, dass die Produktion im Plan und im Ist auf einem Teil ihrer Kosten sitzen bleibt. Die Business Teams müssten entsprechend höhere Deckungsbeiträge II erwirtschaften, um diese Effizienzlücke zu schließen. Gleichzeitig müsste mit der Produktion ein mittelfristiges Ziel der Effizienzsteigerung und Kostensenkung vereinbart werden. Sollte das nicht möglich sein, könnte unter Berücksichtigung strategischer Überlegungen auch über Outsourcing nachgedacht werden. So ist auch die Zeile für die Produktion in der Ergebnisrechnung der Dental AG der Abbildung 4/6 zu interpretieren. Das X steht für einen zu deckenden Betrag im Plan und/oder im Ist.

Der Marktpreis als Verrechnungspreis wäre auch dann sinnvoll, wenn Leistungen zwischen zwei Business Teams bzw. zwei Sparten mit jeweils eigenständiger Produktion verrechnet werden sollen. Hilfreich ist hier das Beispiel einer Möbelfabrik. Diese ist nach Sparten organisiert. Das sind z.B. Wohnmöbel, Büromöbel, Discount-Mitnahmemöbel etc.. Eine eigenständige Sparte ist ferner das Spanplattenwerk, das die eigenen Sparten und auch externe Kunden im In- und Ausland beliefert. Würde jetzt das Spanplattenwerk zu Produktkosten an die eigenen Sparten seine Produkte abgeben müssen, so bestünde für den Spanplatten-Chef darin kein Anreiz. Denn er könnte ja mit den externen Kunden ein weitaus besseres Ergebnis erzielen. Also empfiehlt sich auch hier der Marktpreis. Wenn jetzt allerdings die Sparten zu Marktpreisen einkaufen müssten, könnten die frustriert sein und sich anderweitig günstiger bedienen. Um ein Fremdgehen zu verhindern, müssten die abnehmenden Sparten zu Produktkosten einkaufen können. Dann wäre beiden gedient. Allerdings müssten dann in einer konsolidierten Erfolgsrechnung die doppelt verrechneten Deckungsbeiträge wieder herausgenommen werden. Dies zeigt die

	Sparte A	Sparte B	Konsolidierung	Gesamt
Umsatzerlöse	50	100	– 50	100
– Produktkosten	30	40	–	70
– Zukauf		30	– 30	–
Deckungsbeitrag I	20	30	– 20	30

Abb. 4/8: Doppelt verrechnete Deckungsbeiträge

Abbildung 4/8 an einem einfachen Beispiel. In der Erfolgsrechnung wird ein Produkt der Sparte B mit einem Verkaufspreis von 100 an einen Endkunden verkauft. Die Sparte A beliefert die Sparte B mit einem Halbfabrikat. Die Produktkosten von 30 gehen als Kosten des Zukaufs in die Erfolgsrechnung der Sparte B. Mit ihren eigenen Produktkosten kommt sie insgesamt auf 70 Proko, bleiben damit 30 Deckungsbeitrag. Der Deckungsbeitrag der Sparte A sei 20, da ihr der Marktpreis in Höhe von 50 gut geschrieben wurde. Ein Addieren der Deckungsbeiträge I der beiden Sparten würde einen Betrag von 50 ergeben. Tatsächlich hat das Unternehmen allerdings nur die 30 Deckungsbeitrag erwirtschaftet, die in der Sparte B angefallen sind.

Variante b)

Die Produktion liefert zu Produktkosten und fakturiert pro Zeitraum eine Vorhalteleistung für Strukturkosten als Block. In der Erfolgsrechnung der Dental AG landet dieser Block zwischen dem Deckungsbeitrag I und Deckungsbeitrag II in der Zeile der »SGE-direkten« Strukturkosten. Der Deckungsbeitrag I bleibt als strategische Ziel-Kennzahl sowohl auf Produkt- als auch auf SGE-Ebene erhalten. Dieses Verfahren ist betriebswirtschaftlich am sinnvollsten. Deckungsbeiträge gibt es – als Erlösüberschüsse – nur, wenn verkauft ist und nicht schon, wenn produziert ist. Also entstehen die gesamten Deckungsbeiträge in der verkaufenden Sparte (= SGE für Dental AG). Die Produktion fakturiert ihre Lieferungen zu Produktkosten – sei als Standard-Produktkosten bei der Serienfertigung oder zu nachkalkulierten Produktkosten bei der Einzelfertigung. Außerdem fakturiert die Produktion an die Vertriebssparten einen Teil ihres Strukturkostenblocks in einem festen Betrag je Zeitraum. Diese anteiligen Strukturkostenblöcke der Sparten würden sich im Rahmen der Jahresplanung bemessen gemäß den von den Spartenchefs gewünschten Reservierungen an Produktionskapazität (Abstimmung der Absatz- und Produktionsplanung im Rahmen der operativen Jahresplanung). Profit Center wäre allein die verkaufende Sparte (= SGE für Dental AG). Erfolgsmaßstab der Produktion wäre die Einhaltung des Budgets der Kosten – zusammengesetzt aus Produktkosten und Strukturkosten.

Obwohl diese Variante betriebswirtschaftlich die beste Lösung ist, dürfte sie in der Praxis am seltensten anzutreffen sein. Denn sie ist vor allem in Großunternehmen am schwierigsten umzusetzen. Ein Deckungsziel als Block zu verkaufen, ist viel anspruchsvoller als Verrechnungspreise, denen man für sich allein nicht anmerkt, wie hoch die Lasten der Strukturkosten sind. Zweifelsohne hat es jedoch vor allem auch damit zu tun, dass die Vorschriften der externen Rechnungslegung in Richtung der Variante c) weisen. Bei einer Integration von internem und externem Rechnungswesen ist diesem Umstand vermehrt Rechnung zu tragen.

Variante c)
Die Produktion liefert zu Verrechnungspreisen, die neben den Produktkosten einen stückbezogenen Strukturkostenbetrag enthalten. Dieser Fall kommt am häufigsten vor. Die Verrechnungspreise sind im Sinne der Standard-Vollkostenrechnung kalkuliert und haben eine Planbeschäftigung der Produktion als Basis. Folglich kommt es neben den Abweichungen der Ist-Kosten gegenüber den Sollkosten auf den Kostenstellenbudgets (Verbrauchsabweichungen) auch zu Beschäftigungsabweichungen im Falle kleinerer oder größerer Ist-Beschäftigung der Produktion, als dies bei der Errechnung der Strukturkostenraten pro Einheit im Rahmen der Jahresplanung zugrunde gelegt worden war. Derartige Verrechnungspreise können zwischen Produktion und Vertrieb variiert werden – bei schlechter Auslastung

des Werks z.B. herabgesetzt und bei großen Auftragsbeständen erhöht werden – und erhielten dadurch den Charakter elastischer Lenkpreise. Einstieg in diese »Bandbreiten« wäre jedoch der »als Parität« mit Standard-Strukturkostenraten beaufschlagte Produktkostensatz.

In der Erfolgsrechnung der Dental AG (siehe Abbildung 4/6) wurde letztendlich auch dieser Weg beschritten. Es gehen jedoch zwei Pfeile von der Produktion in die jeweils passenden Zeilen der Erfolgsrechnung. Der Standard-Vollkostensatz wird als Produkt- und Strukturkostensatz getrennt gehalten. Die Beschäftigungsabweichungen wären damit unterhalb eines DB II zu finden. Sind sie negativ, erhöhen sie den Deckungsanspruch. Bei positiven ist es umgekehrt. Dafür steht entsprechend das X in der Ist-Rechnung. In der Planrechnung stünde dagegen eine Null.

Eine weitere Motivgruppe für Verrechnungspreise ist die **Schaffung von internen Märkten** für die internen Dienstleistungen, welche die unterschiedlichen Service Center erbringen. Hier gilt die Empfehlung, dass weniger oftmals mehr ist. Dem Pareto-Prinzip folgend, wäre der Fokus auf jene 20 bis 30 % der internen Dienste zu richten, die 70 bis 80 % der Ressourcen binden. So ist an aller erster Stelle die Frage zu beantworten, welche internen Services über Verrechnungspreise in Rechnung zu stellen sind. So wurde auch für die Dental AG vorgegangen. In der Zeile für die Service Center findet sich sowohl im Plan als auch im Ist ein »X«. Das bedeutet, dass nicht alle internen Dienste und nicht alle Kosten der Serviceeinheiten verrechnet werden. Stünde in dieser Zeile im Ist eine Null, wäre dies ein eindeutiger Hinweis auf frustrierende Kostenumlagen unter dem Deckmantel einer internen Leistungsverrechnung.

Auch für interne Dienstleistungen gibt es unterschiedliche Methoden der Verrechnungspreisbildung. Die eine Gruppe könnte man mit Marktpreisorientierung, die andere mit Kostenorientierung übertiteln. Voraussetzung für den ersten Fall ist die Existenz bzw. Verfügbarkeit von Marktpreisen. Bei der Dental AG ist es, z.B. für spezielle Laborleistungen, nicht möglich gewesen, Marktpreise zu definieren. Denn mit ihrer Kernkompetenz im Bereich der Dentalforschung lag darin ein wesentlicher Teil ihres Wettbewerbsvorteils. So gab es hier für einen Teil der Serviceleistungen nur die Möglichkeit, auf Kosten zurückzugreifen.

Im Weiteren ist zu bedenken, dass es **den** Marktpreis nicht gibt. Für jenen Teil der internen Dienstleistungen, die auch auf dem externen Markt angeboten werden, wie z.B. IT-Leistungen, Rechnungswesendienste, Personalservices etc., existieren meistens mehrere Preise. Das ist ja gerade auch typisch für die Preisbildung auf freien Märkten. So kann mit Marktpreis ja nur gemeint sein, dass man sich in einem fairen Verfahren auf einen Preis einigt, der von Leistungsempfängern und Leistungserbringern als marktkonform und akzeptabel empfunden wird.

Der Marktpreis ist auch dahingehend zu betrachten, ob er die Kosten des Bereichs deckt oder nicht. Läge er deutlich über einem kostenorientierten Verrechnungspreis, so entstünden auf einer Servicestelle Überschüsse. Das wäre rein rechnerisch nicht weiter problematisch. Würde beispielsweise ein Service Center der Dental AG einen »Überschuss« im Plan ausweisen (siehe Abbildung 4/6), dann müssten die Deckungsziele der Business Teams (= SGE) entsprechend niedriger sein. Will man jedoch einen Anreiz schaffen, die internen Services auszulasten und die Leistungsempfänger dazu motivieren, die Leistungen im Haus zu beziehen, ist ein niedrigerer Verrechnungspreis auf Kostenbasis sinnvoll. Ohnehin geht es doch bei der Steuerung der internen Services mit Verrechnungspreisen vor allem um das Ziel eines schonenden Umgangs mit knappen Ressourcen. Dann wäre es doch für alle Beteiligten besser, der Verrechnungspreis würde die tatsächliche Kostensituation widerspiegeln.

Doch auch in diesem Fall ist Vorsicht geboten. Denn damit geht die Gefahr einher, dass sämtliche Ineffizienzen der Leistungserbringer über die Verrechnungspreise auf andere Einheiten umgewälzt werden. Bei exorbitanten Kostensätzen müsste wiederum die Marktpreisorientierung greifen. Diese würde dann die Effizienzlücke aufdecken und man könnte das Vorgehen wählen, das bereits zuvor für die Produktion erläutert wurde.

Für die Dental AG sind nur die Service Center in der Erfolgsrechnung separat ausgewiesen (s. Abbildung 4/6), die nicht in der Produktion angesiedelt sind. Die Service-Stellen des Fertigungsverbundes, die auch als Vorkostenstellen oder Hilfsstellen bezeichnet werden, verrechnen ihre Kosten auf der Grundlage der Variante c). Da für diese Center, wie z.B. eine Instandhaltungsabteilung, die Trennung in Produkt- und Strukturkosten (vgl. hierzu 9. Kapitel) ein konstitutives Merkmal ist, muss auch der Verrechnungspreis auf Basis von Standard-Vollkosten diese Trennung aufweisen.

In den Service Centern außerhalb der Fertigung existieren definitionsgemäß keine Produktkosten. Doch auch die Strukturkosten unterliegen einer, wenn auch nicht proportionalen Veränderung. Zusätzliche interne Serviceleistungen durch zunehmende Nachfrage, lösen zusätzliche Strukturkosten aus. Diese im Kapitel 9 weitergehend erörterten leistungsmengeninduzierten Strukturkosten (lmi Struko) sollten bei einer kostenorientierten Verrechnungspreisbildung im Vordergrund stehen. Die Empfehlung geht also in Richtung einer strikt verursachungsgerechten Verrechnung der Kosten. Das setzt voraus, dass man die Kosten der jeweiligen Serviceleistung zuordnet und auf diese Weise die lmi Struko identifiziert. Die leistungsmengenneutralen Strukturkosten (lmn Struko) bleiben in der Erfolgsrechnung in der Zeile für die Service Center stehen und bilden einen Teil des Deckungsziels für die Sparten. Für die Empfänger einer Leistung dürfte es plausibler sein, wenn ihm ausschließlich die Kosten belastet werden, die im direkten Zusammenhang mit der Leistung stehen. Das würde auch das versteckte Umlageprinzip verhindern. Die dadurch entstehenden Deckungslücken auf den Service Centern sind dann auch Gegenstand der jährlichen Budgetdiskussion.

Der letzte Punkt hat nochmals einen grundsätzlichen Aspekt, der für alle Arten von Verrechnungspreisen gelten sollte. Verrechnungspreise werden einmal jährlich anlässlich der Planung festgelegt. Die Plankostensätze bleiben dann durch das Jahr hindurch bestehen. Demnach werden dann Ist-Mengen mit Planpreisen verrechnet. Die Abweichung zwischen Plan und Ist, ob sie positiv oder negativ ist, werden in der Managementerfolgsrechnung in der Abweichungsanalyse (s. 7. Kapitel) behandelt. In der internen Leistungsverrechnung sollte eine Nachverrechnung unterbleiben. Dies ist auch das Credo in der Transferpreisrichtlinie eines Dax-Konzerns. Da wird explizit von einer einjährigen »Friedenspflicht« gesprochen, die einzuhalten ist, wenn eine Vereinbarung über den Verrechnungspreis erzielt wurde.

Profit Center Typen und Erfolgsrechnungen

In der Praxis finden sich insbesondere drei Ausprägungen von Profit Centern:

- Regionen – Management
- Produkt   – Management
- Kundengruppen – Management

Allen drei ist gemeinsam, dass die Verantwortlichen in unterschiedlicher Weise auf den Deckungsbeitrag Einfluss nehmen. Die Art der Marktbearbeitung unterscheidet sich deutlich. Da ist zuerst der Verkäufer, Verkaufsleiter, Regionen-Manager, Zweigniederlassungsleiter oder Länderchef. Das ist die klassische Funktion im Vertrieb nach dem Prinzip »All business is local« und »customer first«. Die Verfasser denken dabei an die starken Verkaufstruppen in der Assekuranz, in der Pharmabranche oder in der distributionsintensiven Konsumgüterindustrie. Dazu zählen auch die Filialisten von Handelsunternehmen, ebenso wie die Standortmanager von Hotelketten.

Verkaufsleiter und ihre Verkäufer wollen und sollen verkaufen. Ihre Leistung besteht im Verkaufen, möglichst zu attraktiven Preisen in wachsenden Mengen und unter schonendem Einsatz von Ressourcen. Die Schwierigkeit besteht ja vor allem im intelligenten Verkaufen. »Rabatt geben kann jeder«, Spitzenverkäufer »verkaufen zu Spitzenpreisen«, so ein erfolgreicher Vertriebsvorstand. Er meinte mit »spitze« attraktiv aus Sicht des Unternehmens!

Umsatz ist damit kein allzu tauglicher Zielmaßstab für Verkäufer. Denn der ist allzu schnell gesteigert auf Kosten des Deckungsbeitrags. Auch müsste der Einsatz von Promotion immer mit berücksichtigt werden. So ergeben sich eine Vielzahl von Faktoren, auf die ein Verkaufsleiter Einfluss hat:

- Verkaufsvolumen
- Verkaufspreis
- Erlösschmälerungen
- Sortimentsmix
- Vertriebskosten

Will man all diese Einflüsse in einem Zielmaßstab bündeln, braucht es eine Profit Center Erfolgsrechnung als mehrstufige Deckungsbeitragsrechnung.

In komprimierter Form könnte eine solche Rechnung wie folgt aussehen:

Σ	Brutto-Erlöse
./.	Ist-Erlösschmälerungen
$= \Sigma$	Netto-Erlöse
./.	Standard-Produktkosten
$= \Sigma$	Deckungsbeiträge I der Region
	(Summe aller Produkte und Kundengruppen)
./.	Promotion (regionenspezifisch)
= DB II	
./.	Regionen-Direkte Strukturkosten
= DB III	=>Zielmaßstab des "Region-Manager"

Abb. 4/9: Profit Center Erfolgsrechnung für den Regionen-Manager

Im Sinne des Responsibility Accounting muss sie einerseits alle Einflüsse erfassen, andererseits aber auch Einflüsse anderer Center isolieren. Zwischen den Zeilen Brutto- und Netto-Erlöse sind die Ist-Erlösschmälerungen, also die vom Verkauf effektiv gewährten Rabatte, Boni etc. angesiedelt. Gegebenenfalls kann hier über den Jahresverlauf hinweg eine zusätzliche Unterscheidung nötig sein, um z.B. Jahresrückvergütungen oder andere zeit- und mengenabhängige Erlösschmälerungen separat auszuweisen.

Zum Deckungsbeitrag II gelangt man durch den Abzug der Produktkosten der abgesetzten Einheiten. Diese Zeile speist sich aus der Absatzmenge und den budgetierten Proko je Einheit (= Standard-Grenzkosten). Hier wird der Einfluss der Produktion isoliert, indem die tatsächlich anfallenden Ist-Kosten (z.B. Produktivitätsverbesserungen in der Produktion, Materialverteuerungen im Einkauf) nicht in die Rechnung Eingang finden. In der Gesamtunternehmensrechnung werden sie selbstverständlich über ein entsprechendes Abweichungssystem erfasst (siehe 7. Kapitel).

Der Regionen-Manager hat nun die Möglichkeit, auf der Grundlage des Deckungsbeitrags I, der ihm nicht nur in Summe, sondern auch als Kennzahl produkt- und kundenspezifisch vorliegt, gezielte Sortimentssteuerung vorzunehmen. Der dazu erforderliche Promotioneinsatz wird von ihm in der Region entschieden und konsequenterweise vom erwirtschafteten Deckungsbeitrag I abgezogen. Gegebenenfalls erhält er dadurch zusätzliche Informationen über den Deckungsbeitrag II pro Kunde. Bleibt zuletzt noch der Abzug aller Strukturkosten der Region, um zum Deckungsbeitrag III als Zielmaßstab des Regionen-Chefs zu kommen.

Produktmanagement ist eine ganz andere Form der Marktbearbeitung und zielt auf den Aufbau oder das Halten einer ganz bestimmten Marke ab. Gerade in der Markenartikelindustrie besteht ein enger Zusammenhang zwischen Image einer Marke und Pricing. Handelt es sich um »Pampers« oder Höschenwindeln, um »Tempo« oder Papiertaschentücher? Oder man denke nur an die Marke Coca Cola, die immer noch (im Jahre 2006) die wertvollste Marke auf der Welt ist. Dass ein solches Produktmanagement eine globale Angelegenheit darstellt, dürfte bei einer Verbreitung in mehr als 200 Ländern offensichtlich sein.

Auch in technisch geprägten Branchen lassen sich vergleichbare Verantwortlichkeiten für Produkte finden. Dann ist es eben ein Projektingenieur. Sein Schwerpunkt ist dann weniger das Marketing, sondern mehr die technische Konzeption des Produkts. Auch Dienstleistungsbranchen, wie z.B. das Consulting, kennen die Ergebnisverantwortung für bestimmte Beratungsfelder.

Die Centerrechnung des Produktmanagers ähnelt der Erfolgsrechnung für den Verkäufer. Das Einzelkostenprinzip ist entsprechend auf die Verantwortlichkeit (= Beeinflussbarkeit) des Produktmanagers angewendet. Ein Unterschied dürfte in der Behandlung der Erlösschmälerungen bestehen. Standardisierung ist hier deshalb geboten, weil der Produktmanager am Point of Sale für die effektiv gewährten Erlösschmälerungen nicht zuständig ist.

Σ	Brutto-Erlöse
./.	Standard-Erlösschmälerungen
$= \Sigma$	Netto-Erlöse
./.	Standard-Produktkosten
$= \Sigma$	Deckungsbeiträge I des/r Produkts/gruppe
	(Summe aller Regionen und Kundengruppen)
./.	Promotion (produktspezifisch)
= DB II	
./.	PM-Direkte Strukturkosten
= DB III	=>Zielmaßstab des "Produkt-Managers"

Abb. 4/10: Profit Center Erfolgsrechnung für das Produktmanagement

Nicht selten sind in der Praxis Organisationsformen anzutreffen, die eine solche Profit Center-Verantwortung in mehreren Dimensionen der Marktbearbeitung simultan installiert haben. Mehrdimensionale Erfolgsrechnungen mit entsprechender IT-System-Unterstützung, z.B. in Form so genannter OLAP-Systeme sind dann erforderlich.

Business Case II: Center GmbH

Die untenstehende Abbildung skizziert die Organisation der Center GmbH, insbesondere des Unternehmensbereichs Farben.

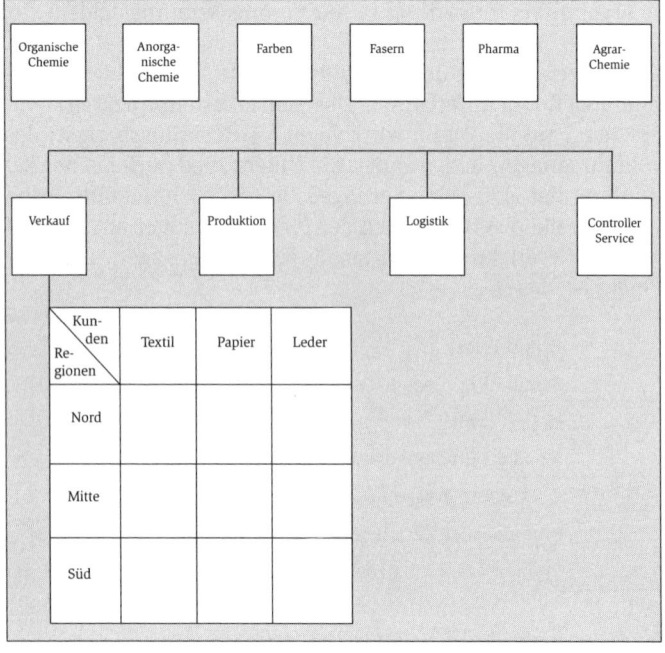

Abb. 4/11: Organigramm der Center GmbH

Die Center GmbH ist ein chemisch pharmazeutisches Unternehmen, welches folgende Produktgruppen herstellt und vertreibt:

- Produkte der organischen Chemie
- Produkte der anorganischen Chemie
- Farben
- Kunststofffasern
- Pharmazeutische Produkte
- Chemische Produkte für Landwirtschaft und Ernährung

Zur Verwirklichung einer dezentralen Ergebnisverantwortung sollen für die in Frage kommenden Organisationseinheiten Profit Center gebildet werden. Dabei ist zuerst zu beachten, dass es sich in der obersten Linie um klassische Sparten mit eigenständigen Produktionsstätten handelt. Diese Sparten lassen sich auch als Profit Center organisieren. (Zur Spartenerfolgsrechnung siehe den Business Case I). Es gilt auch hier der Grundsatz: Eine Sparte ist immer zugleich auch ein Profit Center. Umgekehrt gilt das allerdings nicht. Ein Profit Center muss nicht immer eine Sparte sein, sondern kann auch eine organisatorische Einheit innerhalb einer Sparte darstellen.

So ließe sich hier der gesamte Verkauf als Profit Center organisieren. Jedoch auch unter der funktionalen Ebene könnten Profit Center installiert werden. Sowohl die regionalen Zweigniederlassungen Nord, Mitte, Süd, also auch das Key Account Management Textil, Papier, Leder (dahinter stehen Farbanwendungen für die unterschiedlichen Industriekundengruppen), kommen dafür in Frage.

Die Produktion wäre hier ein Cost Center, gegebenenfalls mit der vorhin beschriebenen Möglichkeit der Leistungsverrechnung. Das Rechnungswesen könnte als Cost Center und die Logistik als Service Center organisiert werden.

Möchte man für die Profit Center eine passende Erfolgsrechnung konzipieren, ist beiden Dimensionen der Marktbearbeitung Rechnung zu tragen. Denn sowohl die Kundengruppen-verantwortlichen als auch die Regionalverantwortlichen sollen mit Deckungsbeiträgen geführt werden. Und das gilt nicht alternativ, sondern simultan. Die Matrixorganisation im Verkauf führt somit zu einer Art Parallelrechnung der Deckungsbeiträge in einer zweidimensionalen Erfolgsrechnung. Das Vorgehen ist in der Abbildung 4/12 angedeutet.

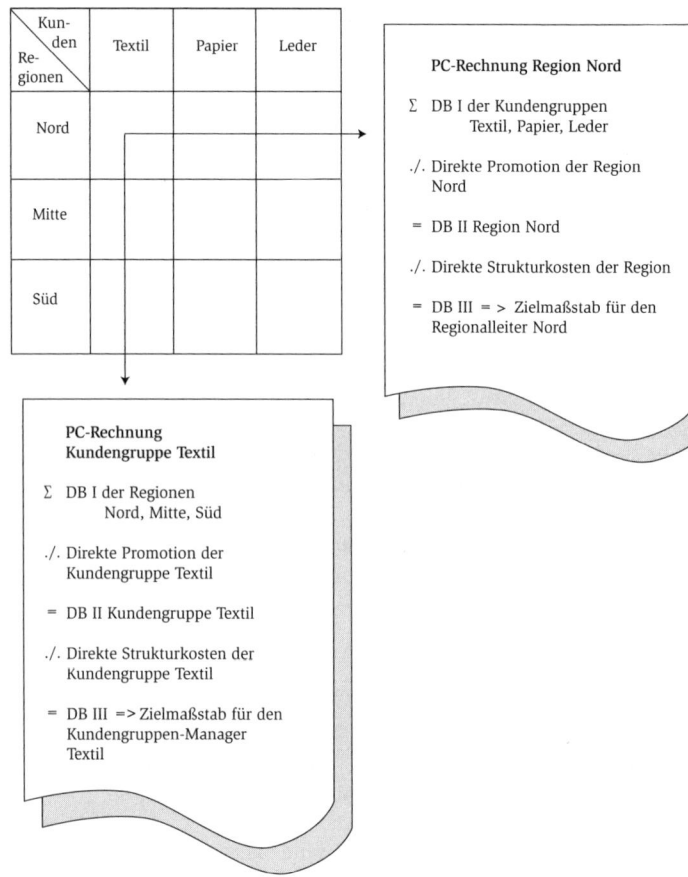

Abb. 4/12: Zweidimensionale Center Erfolgsrechnung

Die Rechnung ist abgekürzt und setzt beim Deckungsbeitrag I auf. In jedem der neun Felder der Matrix ergibt sich eine Doppelzuständigkeit für den jeweiligen Deckungsbeitrag I durch je einen Kundengruppen- und Regionalverantwortlichen. Es ist also nur logisch im Sinne des Responsibility Accounting, dass in die Erfolgsrechnung des Regionalleiters Nord die Summe der Deckungsbeiträge I aller drei Kundengruppen in seiner Region eingehen. Er hat maßgeblichen Einfluss auf diese Deckungsbeiträge. Davon abzuziehen sind die von ihm direkt eingesetzten Ressourcen, also Promotion und Strukturkosten der Region, wozu auch die Personalkosten des Verkaufsteams gehören. Zielmaßstab ist ein Deckungsbeitrag II oder III, je nach Differenzierungsgrad der Rechnung.

Auf der anderen Seite beeinflusst auch der Kundengruppenmanager Textil durch kundenspezifische Ansprache und Anwendungen den Deckungsbeitrag I dieser Kundengruppe in allen Regionen. Selbstverständlich ist ein koordiniertes Vorgehen erforderlich. Controllers Moderationsfunktion zu den betreffenden Anlässen (Planung, Halbjahresgespräche, Forecast etc.) kann hier gute Dienst leisten. Auch werden von der Summe der Deckungsbeiträge I die vom Key Accounter eingesetzten Ressourcen in ein oder zwei Deckungsbeitragsstufen abgezogen. Es bleibt ein Deckungsbeitrag III als Zielmaßstab für den Kundengruppenmanager. Man beachte, es werden keinerlei Kosten verteilt oder geschlüsselt, sondern streng nach Verantwortlichkeit als Einzelkosten erfasst.

Nun stehen allerdings zwei Deckungsbeiträge III parallel nebeneinander auf einer Stufe. Um Missverständnissen vorzubeugen, sei hier empfohlen, diese Deckungsbeiträge auch hinsichtlich der Nomenklatur zu unterscheiden. So könnte man von einem Kundendeckungsbeitrag einerseits und von einem Regionen-Deckungsbeitrag andererseits sprechen.

Möchte man nun dem Vertriebschef einen Zielmaßstab anbieten, so wäre dies durch eine Summenbildung möglich. Da er sowohl die Kundengruppenmanager als auch die Regionalleiter führt, geht die jeweilige Deckungsbeitrag III-Summe in seinen Zielmaßstab ein. Abzuziehen sind zunächst die direkten Strukturkosten des Verkaufschefs inklusive irgendwelcher Sonderaktionen, die von ihm entschieden wurden. Zuletzt müssten noch die doppelt verrechneten Deckungsbeiträge I abgezogen werden, um auf einen Deckungsbeitrag IV zu kommen. Dieser dient als Zielmaßstab für den Vertriebschef.

Fallstudie zur Unternehmensplanung
– Plastikfabrik Lamina AG –

Situation

Der Controller der Lamina AG hat im September aus den Vor-
schlägen der Verkaufsleitung, der Produktionsleitung und der
Einkaufsleitung einen Budgetentwurf für das kommende Jahr
zusammengestellt. In diesem Entwurf ergibt sich ein Verlust von
20.000,–. Das Unternehmen Lamina stellt Folien her zur Aus-
rüstung von Möbeln. Es handelt sich um eine Familien-Aktien-
gesellschaft mit Sitz an einem Ort in der Schweiz.

Wie dieser Budgetentwurf aussieht, zeigt die Abbildung 5/1. Es
gibt drei Produkte im Beispiel – also drei Typen von Folie. Die
sind alle bedruckt; also Furnierfolien. Die zu verkaufende Gesamtmenge beträgt laut Entwurf 3.500 Tonnen, die auch selber
hergestellt werden. Eine Veränderung der Bestände bei Fertig-
oder Halbfabrikaten ist nicht vorgesehen. Für das Budget des
nächsten Jahres besteht die Prämisse, dass die 9.500 Arbeitsstunden (Mitarbeiterstunden) nicht überschritten werden dürfen – sogenannte »Nullprämisse« in der Personalplanung. Und
zwar handelt es sich um eine interne Prämisse, die von Seiten
des Verwaltungsrats auferlegt ist. Es soll aber auch niemand
entlassen werden.

Auf der Grundlage der Daten des Budgetentwurfs wäre es am
günstigsten, den Artikel 1 zu forcieren. Dieses Produkt bringt
den höchsten Deckungsbeitrag je Stunde. Diese Kennzahl ist
jetzt maßgeblich, da die Stunden den dominierenden Engpass
bilden.

	A	B	C	D	E
		Budgetentwurf LAMINA AG			
1		Produkt 1	Produkt 2	Produkt 3	Total
2	Absatz/Produktion in t	1.000	2.000	500	3.500
3	Nettopreis/t	500,--	420,--	600,--	
4	Produktkosten/t	320,--	320,--	400,--	
5	Erlöse	500.000,--	840.000,--	300.000,--	1.640.000,--
6	Produktkosten des				
7	geplanten Absatzes	320.000,--	640.000,--	200.000,--	1.160.000,--
8	Deckungsbeiträge	180.000,--	200.000,--	100.000,--	480.000,--
9	DB/t	180,--	100,--	200,--	
10	Arbeitsstd./t	3	2	5	
11	DB/Arbeitsstd.	60,--	50,--	40,--	
12	Verfügbare Kapazität				9.500 Std.
13	Strukturkosten	(50.000,--)	(120.000,--)	(80.000)	500.000,--
14	Verlust				./. 20.000,--
15	Eingesetztes Kapital				1 Million

Abb. 5/1: Budgetentwurf der Lamina AG

Zum Beweis: Angenommen, vom Artikel 1 würden 500 Tonnen mehr verkauft und hergestellt werden. Das ergäbe 500 Tonnen mal 180,- € Deckungsbeitrag je Tonne = 90.000,- € dazukommende Deckungsbeiträge. Für die Herstellung der 500 Tonnen würden benötigt 500 *3 = 1.500 Stunden. Typisches Merkmal des Engpasses ist, dass diese Stunden nun einem anderen Produkt entzogen werden müssen. Logisch ist, diese Stunden dort wegzunehmen, wo jetzt der niedrigste Deckungsbeitrag je Stunde zu sehen ist – also bei Produkt 3. Nimmt man dort 1.500 Stunden weg von der Kapazität, so können bei 5 Stunden je Tonne dort nur um 300 Tonnen weniger hergestellt und verkauft werden. Mit diesen 300 Tonnen mal einem Deckungsbeitrag von 200,- € je Tonne gehen verloren 60.000,- € Deckungsbeiträge. Per Saldo ist folglich durch diese Sales Mix-Verschiebung ein Deckungsbeitragszuwachs von 30.000 € zu erreichen, was immerhin den Verlust beenden würde.

Budgetsitzung

Der Controller lädt die beteiligten Bereichschefs – also Verkaufsleiter, Produktions- und Einkaufsleiter – Anfang November zu einer neuen Budgetsitzung ein, auf der ein Alternativplan aufgestellt werden soll. Für diese Sitzung wurden inzwischen folgende Überlegungen angestellt und Maßnahmen vorbereitend diskutiert. Mit Hilfe der 10 Punkte aus der »Traktandenliste« ist ein neues Budget zu bauen und dem Präsidenten des Verwaltungsrates zu präsentieren.

Die Ansatzpunkte zur Budgetverbesserung

1. Der Verkaufsleiter schlägt die Aufnahme eines neuen Produkts Nummer 4 in das Sortiment vor. Je Tonne könnte ein Erlös von 480,– € erzielt werden. Die vom Controller schon bereitgestellte Standardkalkulation der Produktkosten ergibt einen Tonnensatz von 300,–; und nach den Arbeitsplänen ist nötig eine Belegungszeit von 6 Stunden je Tonne. Es handelt sich um Mitarbeiterstunden. Das im ersten Jahr erreichbare Absatzvolumen schätzt der Verkaufsleiter auf 1.000 Tonnen.

2. Die Absatzprognose für Produkt 3 ist recht günstig. Der Verkaufsleiter meint, dass er von diesem Produkt auch das Dreifache des ersten Budgetentwurfs verkaufen könne, wenn man den Verkäufern eine Aktionsprämie von 10 € je Tonne bieten würde.

3. Der Produktionschef hat mit seinen Mitarbeitern eine verfahrenstechnische Verbesserung erfunden, die es ermöglicht, die Fertigungszeit des Produkts 2 voraussichtlich zu beschleunigen. Aber er kann noch nicht angeben, wie groß die Zeitersparnis ist. Auch wollte er mit diesen Neuerungen erst noch ein bisschen später herauskommen und sichergehen, dass alles auch perfekt funktioniert. Es handelt sich um einen Vorschlag mehr im Sinne von KVP – Kontinuierlicher Verbesserungsprozess (also ohne Investitionen oder Produktänderungen).

4. Der Controller schlägt im Falle des Produkts 3 eine Preiser-
   höhung vor. Außerdem hält er es für wesentlich besser,
   wenn die Produktionsleitung sich bei der Herstellung dieses
   Artikels eine verfahrenstechnische Beschleunigung einfallen
   lassen könnte. Auch sind die Kosten des Materials innerhalb
   der Produktkosten in Höhe von 300 € je Tonne vergleichs-
   weise hoch.

5. Der Verkaufsleiter könnte von Artikel 1 eine Steigerung des
   Absatzvolumens von 500 Tonnen verkraften, aber nur wenn
   der Verkaufspreis dieses Produktes generell um 10 % gesenkt
   würde.

6. Aus Marktgründen darf nach Meinung des Verkaufsleiters
   im Interesse der längerfristigen Perspektiven keinesfalls am
   Absatzbudget von Artikel 3 etwas reduziert werden. Verzichtet man auf eine Aktionsprämie für die Verkäufer, so
   wäre immerhin hier doch noch fast annähernd das doppelte
   Volumen zu erreichen im Verkauf. Wenn ein Budget gekürzt
   werden soll, dann vielleicht jenes bei Artikel 2 von 2.000
   Verkaufstonnen herunter auf 1.800 Tonnen im Absatz. Hier
   hat sich auch die Konkurrenz stark festgesetzt, während die
   Lamina AG beim Artikel 3 über einen beträchtlichen technischen Vorsprung verfügt.

7. Anstelle des Aktionsbonus für die Verkäufer von 10 € je
   Tonne wäre zur Sicherung des zusätzlichen Absatzziels von
   rund 500 Tonnen bei Produkt 3 allerdings die Genehmigung
   eines speziell für dieses Produkt eingesetzten Werbebudgets
   in Höhe von 50.000 € notwendig.

8. Von Produkt 1 könnte ein begrenztes Volumen von 250 Tonnen auf einem Exportmarkt abgesetzt werden. Für dieses
   Zusatzgeschäft wäre aber nur ein Preis von 440,– € je Tonne
   zu erzielen. Der Einkaufsleiter macht überdies darauf auf-
   merksam, dass für Exportfracht und –Verpackung zusätzlich
   15 € je Tonne kalkuliert werden müssten.

9. Überhaupt schlägt der Einkaufsleiter vor, Produkt 1 nicht mehr selbst herzustellen, sondern zu handeln. Er hat vorsorglich mit einem Hersteller in einem EU-Land Beziehungen angeknüpft. Dieser könnte liefern zu einem Preis von 420,– € bei einem Einkaufsvolumen zwischen 1.000 und 2.000 Tonnen je Jahr. Der Produktionsleiter ist von dieser Idee nicht sehr beglückt. Er weist darauf hin, dass man einen Artikel nicht handeln soll, den man selber erstklassig herstellt. Außerdem sei besonders in teueren Produktionsaggregaten (diese können alle drei Produkte herstellen) viel Kapital investiert und er sei der Meinung, dass sich dieses Kapital nur durch intensive Nutzung amortisiere.

10. Der Verwaltungsratspräsident, den die hohen Strukturkosten etwas ärgern, ist der Auffassung, dass die Organisation zu ändern ist. Er will den Verkaufsleiter zum Spartenleiter für Artikel 3, den Produktionsleiter zum Spartenleiter für Produkt 2 und den Einkaufsleiter zum Spartenleiter für Artikel 1 machen. Die Produktionsaggregate sollen entsprechend den Kapazitätsansprüchen der drei Sparten den Spartenleitern zugeteilt werden. Den Spartenchefs wären die direkten Strukturkosten unmittelbar vorzugeben. Aber auch für die zentralen Strukturkosten soll nach Meinung des Präsidenten eine Verteilung auf die Spartensegmente durchgeführt werden. Dabei stützt er sich auch auf IAS Nr. 14. Das Budget soll deshalb nicht verabschiedet werden, bevor nicht jeder Spartenchef auch diese Umlagen abdeckt. Dann erst will der Präsident die neuen Spartenleiter als echte Profit Center-Chefs anerkennen. Im Übrigen ist er der Meinung, dass das Budget ein Gewinnziel von 15 % vor Ertragsteuern und Zinsen auf das investierte Kapital gewährleisten soll. Da er im Übrigen nicht gerne größere Zahlenkolonnen anschaut, wäre es ihm sympathisch, wenn ihm der Controller die neue Planung graphisch vorführen könnte.

Wie man bei der Lösung der Fallstudie vorgeht

Erfahrungsgemäß wird in den Arbeitsgruppen eines Seminars so vorgegangen, dass man anfängt zu rechnen. Schließlich handelt es sich um einen Controllerfall. Controller sind Menschen, die gewohnt sind zu rechnen und im Management dies auch entsprechend veranlassen. Außerdem verleitet die erste Frage wirklich dazu, mit dem Rechnen anzufangen, weil dieser Punkt sich schon dadurch beantworten lässt.

Würde man nämlich die Sorte 4 ins Sortiment nehmen, so würde man Stunden reservieren, die nur einen Deckungsbeitrag von 30,– € bringen (Erlös 480,– minus Produktkosten 300,– = Deckungsbeitrag von 180,–, bezogen auf sechs Stunden Fertigungszeit = 30,– je Stunde). Also wäre dies weniger, als das Produkt mit der Rolle des »Trägers der roten Laterne« heute schon bringt – Produkt 3 mit 40,– € Deckungsbeitrag je Stunde. Würde man also den Vorschlag von Produkt 4 aufgreifen, so würde sich mit Sicherheit der Verlust beträchtlich erhöhen.

Rechnet man aber Punkt für Punkt weiter durch, so ergibt sich allmählich Frustration oder Resignation. Spätestens tritt dieses Stadium bei Ziffer 9 der Drehbuchpunkte auf. Dort wird doch vorgeschlagen, Produkt 1 als Handelsware zu führen und gar nicht mehr selber herzustellen. Gerade dieses Produkt hat aber den höchsten Deckungsbeitrag je Stunde – und das soll jetzt nicht mehr hergestellt werden.

Also zeigt auch die Fallstudie, dass die **Deckungsbeiträge Einstieg bilden in neue Entscheidungen** und nicht schon die Entscheidung selber sind. Sonst könnte man auch einem Computer anvertrauen auszurechnen, was schließlich gemacht werden soll.

Auch hat der Controller in der Budgetsitzung keineswegs nur die Funktion zu rechnen oder Alternativen in den Computer einzutippen. Der Controller kann aber auch nicht ein fertig aufgestelltes Budget bringen und dieses dann präsentieren als schon vorgefertigte Lösung. Der Controller/die Controllerin muss also in ihrer Moderationsfunktion bei der Budgetsitzung erreichen, dass die beteiligten Funktions-Chefs sich im Sinne neuer Commitments selber festlegen.

Deshalb hängt die Sitzung auch sehr davon ab, wie dabei das Protokoll geführt wird. Am besten öffentlich auf Flipchart und Pinwand oder in einem Personal Computer mit einem Bildschirm, der groß genug ist, so dass alle miteinander dort hineinschauen können – die Köpfe zusammenstecken, näher zum Thema heranrücken und auf diese Weise Konsenswärme erzeugen. Bei sieben Teilnehmern an der Sitzung bräuchte man auch keinen Beamer, weil sonst nur der Effekt des Kinos erzeugt wird. Außerdem bleibt dann jeder auf seinem Platz zurückgelehnt sitzen. Es ist besser, wenn man näher zum Thema herankriecht, auch wenn das manchmal körperlich etwas unbehaglicher zu bewältigen ist.

Das Ziel der Sitzung, soweit es das Ergebnis betrifft, ist klar: Der Präsident des Verwaltungsrats stellt sich vor, dass ein ROI-Ziel von 15 % auf das investierte Vermögen von 1 Mio. € erzielt wird. Das heißt in € pro Jahr ein Betrag von 150.000,– €. Und die Lücke beträgt bei 500.000,– € Strukturkostenblock insgesamt also 170.000,– €.

Planung und Festlegung neuer Strategien und Maßnahmen

Das Ziel von 15 % ROI oder 150.000 Bruttobetriebsergebnis/ EBIT ist nur zu erreichen, wenn man über den reinen Buchstaben des im Text Geschriebenen und in Zahlen Ausgedrückten hinausgeht und dazu übergeht, auch strategisch zu denken.

Deshalb beginnt die Lösung der Fallstudie am besten mit der Frage: »Welches Erzeugnis ist für das Unternehmen Lamina AG am wichtigsten?« Es ist gleichzeitig die Frage nach der Kernkompetenz. Wenn man jetzt vordergründig von den Zahlen des Budgetentwurfs ausgeht, dann ist Produkt 1, bei dem der Deckungsbeitrag je Stunde am höchsten ist, das förderungswürdigste Produkt. Aber im Drehbuch steht in Ziffer 5, dass man von diesem Produkt nur dann mehr verkaufen könne, wenn der Preis generell – also nicht nur für die Zusatzmenge – gesenkt würde. Das hieße doch mit anderen Worten, dass hier keine USP Unique Selling Proposition besteht - kein Wettbewerbsvorsprung.

Das bedeutungsvollste Produkt ist Artikel 3, weil es laut Drehbuch die besten Marktwachstums-Chancen hat und weil die Lamina AG hier gegenüber den Mitbewerbern über einen beträchtlichen technischen Vorsprung verfügt, womit die guten Marktaussichten zum großen Teil wahrscheinlich auch zusammenhängen. Aber bei diesem wichtigsten Erzeugnis ist der Deckungsbeitrag nicht in Ordnung. In der operativen Durchführung muss also ein Profit Improvement Program in Gang gesetzt werden, dessen Parameter einmal höhere Verkaufspreise sind, oder Senkung der Produktkosten oder auch Reduktion der Fertigungszeit.

Beginnt der Controller als Moderator der Konferenz jedoch mit Produkt 3, hat er es schwerer, zu einer simultanen Lösung zu gelangen, weil an diesen Entscheidungen alle Konferenzteilnehmer – der Verkaufsleiter, der Produktions-Chef und der Einkaufsleiter – gleichermaßen beteiligt sind. Konferenzpsychologisch wäre es deshalb vorteilhaft, ein anderes Thema am Anfang zu bringen, mit dem schnell ein Erfolgserlebnis erreicht werden kann. Gemäß Drehbuch Ziffer 3 könnte man zu Beginn der Budgetkonferenz den Produktionsleiter fragen, ob er sich schon hat entscheiden können, um wie viel die Fertigungszeit bei dem Produkt 2 von jetzt zwei Stunden je Tonne reduziert werden kann. Da gibt es nur einen Ansprechpartner und die Entscheidung ist rein operativ in der Durchführung. Angenommen, der Produktionschef hat herausgefunden, dass es 10% sind. Die neue Fertigungszeit wäre demnach nicht mehr 2, sondern 1,8 Stunden je

Tonne. Es werden dann 2.000 Tonnen mal 0,2 Stunden je Tonne = 400 Stunden freigesetzt für eine andere Verwendung.

Dieses Vorgehen folgt auch dem »Limitationsgesetz der Planung«, wonach man solche Entscheidungen zuerst bringen muss, die den Engpass frei räumen. Dann muss man sich der Ziffer 9 im Drehbuch zuwenden. Dort schlägt laut Drehbuch der Einkaufsleiter vor, Produkt 1 nicht mehr selber herzustellen, sondern eine **Outsourcingentscheidung** einzugehen. Dieses Produkt soll zugekauft werden. Jetzt ist die Frage, ob dies dem **Leitbild des Unternehmens nicht widerspricht**. Wenn die Qualität bisher bei den Kunden auch damit verbunden war, dass man es selber hergestellt hat, wird es nicht so einfach sein, den Kunden zu erläutern, dass jetzt dieser Folientyp 1 von außen bezogen wird.

Da die direkte Kundschaft Industriebetriebe sind, die Möbel herstellen, spricht sich das in der Branche wahrscheinlich herum. Außerdem brockt sich gemäß dem **Risikomanagement** die Lamina AG eventuell das Problem ein, dass der Lieferant von Produkt 1 versucht, die Kunden direkt anzusprechen und die Lamina zu umgehen. Nehmen wir an, dass der Einkaufsleiter den Hersteller von Produkt 1 in dessen Land kennt. So berichtet der EinkaufsChef, dass der ausersehene Lieferant nur ein Auslastungsinteresse hat, aber keine **Markteintrittsabsichten hegt**. Die Qualität sei außerdem nachhaltig gesichert. Also kann entschieden werden, dieses Produkt zuzukaufen und in der Kapazität 3.000 Stunden freizusetzen. Der Einstandspreis ist jetzt bei 420,– €. Das ergäbe 80.000,– € Deckungsbeitrag aus Produkt 1. 100.000 € Deckungsbeitrag gehen durch das Outsourcing erst mal verloren.

Die Preissenkung, die in Ziffer 5 als Alternative überlegt wird, ist nicht vorteilhaft. Man könnte zwar 500 Tonnen mehr verkaufen, die eingekauft werden. Der Einstandspreis gilt aber bis 2.000 Tonnen, so dass jetzt unverändert 420,– € je Tonne einzusetzen sind. Der Deckungsbeitrag vermindert sich im Fall der Preissenkung auf 30,– € je Tonne. Bei der dafür größeren Absatzmenge von 1.500 Tonnen kämen dazu 45.000,– Deckungsbeitrag und verdrängt würden 80.000,– bei der Entscheidung, ohne die Preissenkung auszukommen. Also ist die Alternative des niedrigeren Preises und der größeren Absatzmenge vom Ergebnis her unvorteilhaft.

Jetzt sind die **Entscheidungen gesammelt, die den Engpass entlasten**. Gewonnen sind zusammen 3.400 Stunden. Jetzt müsste man wissen, ob es dem Produktionsleiter gelingt, angesichts der größeren Menge von Produkt 3 die Fertigungszeit zu vermindern. Angenommen, der Produktionsleiter nimmt sich vor, die Fertigungszeit auf 4,5 Stunden je Tonne zu begrenzen und dafür geeignete Maßnahmen im Sinne der Erfahrungskurve in Gang zu setzen. Für Produkt 3 stünden dann zur Verfügung 2.500 Arbeitsstunden (Mitarbeiterstunden) wie jetzt schon laut Budgetentwurf; dazu kämen diese für Produkt 3 verfügbar gemachten weiteren 3.400 Arbeitsstunden; das Ergebnis ist zusammen 5.900 Arbeitsstunden. Daraus folgt bei 4,5 Stunden Fertigungszeit je Tonne ein mögliches Produktionsvolumen von 1.311 Tonnen. Da der Verkaufsleiter gesagt hat, dass er bis zum Dreifachen auf dem Markt verkaufen könne, müsste diese größere Menge auch verkäuflich sein.

Und jetzt kommt eine Art Gretchenfrage an den Verkaufschef: »Wie hältst Du es mit dem Preis?« Wenn man nicht das gesamte Volumen, das nach Marktforschung möglich sei, ausschöpfen kann; wenn zudem ein beträchtlicher technischer Vorsprung gegenüber vergleichbaren Angeboten der Konkurrenz besteht, müsste es doch drin sein, den Verkaufspreis zu erhöhen. Oder will man eine Art Stayout Pricing Strategy gegenüber der Konkurrenz bevorzugen, um nicht zu sehr herauszufordern, dass die Mitbewerber diesen Vorsprung aufholen wollen. Also käme es jetzt darauf an, wie schnell ist die Reaktionszeit der Mitbewerber; welche Leadtime/Vorsprungszeit hat die Lamina AG. Natürlich auch gekoppelt mit der Frage, worin der Vorsprung besteht: lassen sich diese Folien bei der Möbelkundschaft besonders gut verarbeiten mit first pass yield 100 % bei der Möbelherstellung?

Ist das Design besonders gut gelungen und schwer kopierbar? Fühlen sich die Folien besonders sympathisch an? Oder gilt alles zusammen?

Dann würde bei Produkt 3 eine Nachfrage gelten, die nicht so preisempfindlich ist, so dass man erwägen könnte, den Verkaufspreis raufzusetzen. Natürlich nicht beliebig. Es gibt wie schon im 3. Kapitel am Getränkestandbeispiel gezeigt, eine Art Preisschwelle, die man nicht ungestraft überschreiten kann – also wenn man das einem zustehende Preisband verlässt. Aber das Risiko ist nicht so groß; denn wenn die Mitbewerber den Produkt 3-Vorsprung aufholen sollten, kann man immer noch den Preis heruntersetzen – was leichter fällt, als die Verkaufspreise zu erhöhen. Dann müssen die Mitbewerber auf den heruntergesetzten Preis eintreten und können keine Deckungsbeiträge für ihre Entwicklungskosten erhalten. Im Übrigen könnte man entscheiden, dass die vom Verkaufsleiter in Ziffer 2 angeregte Aktionsprämie für die Außendienstmitarbeiter nicht für größeres Tonnenvolumen, das im Markt kraft des Vorsprungs vorhanden ist, vergütet erhalten, sondern eben für das Durchsetzen des höheren Verkaufspreises und für die Kunst, dafür beim Kunden konsequent zu argumentieren.

In der Konferenz für das neue Budget wird der Verkaufspreis für Artikel 3 auf 650,– € festgesetzt. Der Verkaufsleiter gibt seine Willenserklärung ab, zu diesem Verkaufspreis auch die gut 1.300 Tonnen zu verkaufen. Die 10,– € je Tonne Prämie für die Verkäufer dienen der Absicherung dieser Entscheidung als flankierend-unterstützende Maßnahme.

Dazu kommt eine Reduktion der Produktkosten der Fertigung. Aus den Drehbuchangaben in Ziffer 4 kann man schließen, dass die Produkt-Fertigungskosten 100,– € je Tonne betragen (wenn innerhalb der 400,– € je Tonne laut Budgetentwurf 300,– € für Material drinstecken, bleiben 100,– für die Fertigung; bei fünf Stunden je Tonne ergibt dies einen Stundensatz von 20,– €). Da der Produktionsleiter eine halbe Stunde Fertigungszeit-Vermin-

derung anstrebt, würde sich der Produktkostensatz je Tonne um
10,– € vermindern.

Text Budget	Total	Produkt 1	Produkt 2	Produkt 3	Produkt 4
Absatz to	4311	1000	2000	1311	0
V´Preis €/to		500	420	650	Themen-
Prämie €/to				10	Speicher
Netto-Preis/t		500	420	640	für Mifri
Proko/t		420	317 320	330	Plang.
DB/to		80	100	310	
Std./to		0	1,8	4,5	
Summe Std.		0	3600	5900	
DB/Std.			56,–	69,–	
Umsatz €	2.179.040	500.000	840.000	839.040	
Proko Abs.€	1.492.630	420.000	640.000	432.630	
DB/Jahr	686.410	80.000	200.000	406.410	
Promotion	16.410			16.410	
DB II/Jahr	670.000	80.000	200.000	390.000	
Zentr. Struko	500.000				
BBE/EBIT	170.000				
ROI-Ziel	150.000				
Man. Erfolg	20.000				

Kalkulation Art. 3	Technische Daten	Preis €/Einheit	Proko/Tonne
Material A in to	0,66	€ 160	€ 105,60
Material B in to	0,42	€ 320	€ 134,40
Materialkosten	1,08		€ 240
Arbeits-Std. je to	4,5	€ 20,–	€ 90
Produktkosten/to			€ 330

Abb. 5/2: das neue Budget der Fallstudie derLamina AG für das bevorstehende Jahr –
beim Produkt 3 besteht eine Excel-mäßige Verknüpfung zwischen dem Prokosatz der
Kalkulation des Produkts und dem Ansatz im Periodenbudget mit den Produktkosten
je Tonne. Oben kann man nicht separat ändern. Die neuen Daten in der Kalkulation
je Tonne ändern sich automatisch im Budget durch (bei Produkt 2 ist es noch nicht
so programmiert).

Dann bleibt in der Entscheidungsfolge die Frage, ob es dem Ein-
kaufsleiter möglich sein wird, aufgrund der sehr viel größeren
Produktionsmenge von Produkt 3 im Einkauf des Materials eine
Verbesserung zu erzielen. Auch müsste im Einkauf das gesamte
Materialvolumen nicht kleiner werden, falls man dem Liefe-
ranten von Produkt 1 das Material beistellen würde. Mit dieser

Prämisse stellt der Einkaufsleiter eine Einkaufspreis-/Bestellvolumen-Funktion auf und kommt zu dem Resultat, dass er 20 % Reduktion bei den Materialkosten durchsetzen kann. Das würde 60,– € sein, die sich als Senkung der Produktkosten auswirken im neuen Budget. Damit betragen die Produktkosten 330,– € je Tonne (Verminderung durch 60,– aus dem Einkauf und 10,– aus der Fertigung).

Wie das neue Budget aussieht, zeigt die Abbildung 5/2. Das angestrebte Ziel von 150.000,– wird dabei um 20.000,– überschritten. Den Managementerfolg von plus 20.000,– € könnte man interpretieren als einen Value Added.

Produkt 4 steht noch im Themenspeicher und muss erneut überarbeitet werden; kann aber sich als Nachfolger des in den Absatzchancen zurückgehenden Produkts 1 anbieten (vgl. das Wachstumskurvenbild 1/2 im 1. Kapitel). Damit verändert sich das Jahresbudget fast von selber in eine Mehrjahresplanung.

Wer entscheidet über die Planung?

Der Unterschied zwischen Prognose und Planung liegt darin, dass die Planung Entscheidungen enthält und Willenserklärungen einbindet. Deshalb muss die Planung auch von den zuständigen Managers (der Linie) selber gemacht werden. Das heißt auch, die Entscheidungsträger müssen in der Planungskonferenz persönlich auch dabei sein. Entscheiden tut dann jeweils der/die, der/die das Team zum gewünschten Erfolg führt: Die Preis-/Absatzplanung macht der Verkaufs-Chef. Den Einkaufspreis als Funktion der Bestellmenge kennt und legt fest der Einkaufsleiter; die Fertigungszeitveränderungen und die dazu nötigen Maßnahmen kennt und entscheidet der Produktions-Chef. Für die Qualität des neuen Lieferanten für Produkt 1 verbürgt sich der Einkaufsleiter, der diesen kennt. Durch Proben muss der Produktionsleiter von dieser Qualität auch überzeugt worden sein und zustimmen.

Also es kann nicht so gehen, dass der Controller vorschlägt, den Verkaufspreis für Produkt 3 zu erhöhen. Drei sind dafür und einer dagegen; und wer dagegen ist, ist der Verkaufsleiter. Dann kann das nicht funktionieren. Entscheidungsfindung im Team bedeutet immer, dass jeweils derjenige oder diejenige entscheidet, der/die den Beschluss auch umsetzt und die Mitarbeiter kennt im eigenen Bereich, die man dazu braucht. Da könnte übrigens sein, dass in der Budgetkonferenz eine Entscheidung »unter Vorbehalt der Nachprüfung« steht, falls einer der Chefs sich vorher bei seinen Mitarbeitern vergewissern möchte, ob es machbar erscheint.

Natürlich könnte der Hierarchie nach auch der Präsident entscheiden. Dann wäre das Budget nur ein Vorschlag, den man dem Präsidenten präsentiert und daraufhin seinen Beschluss erbittet. Der Präsident muss das Ziel vertreten, weil dies in einem Gremium gefunden worden ist, dem er angehört. Falls das Ziel nicht erreichbar erscheint, muss der Präsident in der Lage sein, den Verwaltungsrat (Schweizerisches Organisationsmodell) zu überzeugen, dass es nicht möglich ist. Aber der Präsident entscheidet, er ist der Chief Executive Officer CEO, ob die richtigen Menschen am Tisch hier versammelt sind in der Funktion, die sie ausüben. Solange Verkaufs-, Produktions- und Einkaufsleiter »das Amt« haben, so haben sie auch »den Verstand«, Entscheidungen entsprechend zu machen.

Wieder eine andere Möglichkeit wäre, der Controller bereitet die Planung vor, rechnet sie mehrfach durch, sucht die optimale Lösung, präsentiert sie schwungvoll vor den versammelten Managers. Alles klatscht Beifall – und nachher macht jeder, was er/sie will. Denn bei Abweichungen kann der Controller die zuständigen Managers nicht ansprechen, falls er die Planung selber gemacht hat. Dann würden die Mitglieder des Controllerteams zu hören bekommen, dass sie doch gefälligst lernen sollen, besser zu planen. Dann würde man denken, Controller sind Hellseher, die aus dem Blick in die Zauberkugel wissen, was auf uns zukommt. Planung ist jedoch nicht Hellseherei, sondern es geht um das Finden von Entscheidungen und um Willenserklärungen der zuständigen Managers.

Es ist also sinnvoll, die Entscheidungen, die in der Konferenz selber gefunden worden sind - und zwar durch die eigene Produktivität der Konferenz, moderiert durch den Controller - nochmals gemeinsam anzuschauen. Dazu gehört die Kunst des Assistant Controller, sichtbar auf Pinwand, Flipchart oder im PC-Bildschirm festzuhalten und begleitend zu den Entscheidungen auch das Protokoll zu führen, so dass stets Einsehbarkeit besteht. Jetzt sehe ich es ein – im wahrsten Sinne des Wortes.

Um es nochmals hervorzuheben: den Deckungsbeitrag bei dem zentralen Produkt 3 kann man nur simultan durch alle Mitglieder des Management-Teams entscheiden. Wenn dies nacheinander gemacht werden müsste, käme das Controller-Team in die Rolle des Herumläufers - erst zum einen, dann zum anderen, dann zu diesem einen wieder zurück ... usw.

Also die Entscheidungen sind gewesen in diesem Fallbeispiel:

– Reduktion der Fertigungszeit bei Produkt 2 um 10%;

– Reduktion der Fertigungszeit bei Produkt 3 auf 4,5 Stunden je Tonne;

– Übergang bei Artikel 1 auf Zukauf anstatt Eigenfertigung;
– Erhöhung des Verkaufspreises bei Produkt 3 auf 650,– € je Tonne bei einem Absatzvolumen von 1 300 Tonnen pro Jahr;

– Beschluss für eine Maßnahme, den Verkäufern eine Prämie von 10,– € je Tonne zu geben dafür, dass sie den höheren Verkaufspreis durchsetzen;

– Reduktion der Materialeinkaufspreise bei den Materialien für Produkt 3 um zusammen 20%;

– Verzicht auf eine Preissenkung bei Produkt 1;

– Entscheid darüber, den Artikel 4 noch in der Pipeline zu halten und erst in der mittelfristigen Planung zu verwirklichen;

– Ansatz eines Promotionsbudgets zur Sicherung der größeren Absatzmenge bei Produkt 3 in Höhe von 16.410,– €.

Als Controller/Controllerin lässt sich zum Beispiel für die Verkaufspreisentscheidung bei Produkt 3 Geburtshilfe leisten. So könnte man argumentieren, dass Produkt 3, wenn es schon die Stunden von Produkt 1 kriegen soll, den Besitzstand an 60,– € Deckungsbeitrag je Stunde bringen muss. Daraus würde folgen bei den ursprünglichen 5 Stunden je Tonne, multipliziert mit einem Zieldeckungsbeitrag von 60,– je Stunde, ein Zieldeckungsbeitrag je Tonne von 300,– € (anstatt 200,–). Addiert zu den ursprünglichen Produktkosten von 400,– € ergäbe sich ein Preisziel von 700,– € je Tonne. Diesen Vorschlag kann der Controller begründen.

Zuckt jetzt der Verkaufschef oder schluckt er es. Im protokollierten Beispiel hat der Verkaufs-Chef diese 700,– nicht akzeptiert, sondern sich auf die Hälfte eingestellt zwischen dem seitherigen Preis von 600,– € im Budgetentwurf und diesem Zielverkaufspreis aus der Rechenalternative des Controllers. Die Lücke, die noch im Deckungsbeitrag je Stunde beim Produkt 3 besteht, konnte geschlossen werden durch die Entscheidung des Einkaufsleiters, die Einkaufspreise herunterbringen zu können, sowie die Entscheidung des Fertigungschefs, auf 4,5 Stunden je Tonne gehen zu können. Im simultanen Beieinandersitzen hat sich die Controllerfunktion moderierend und protokollierend entscheidungsförderlich ausgewirkt.

Die graphische Präsentation des neuen Budgets

Der Präsident will (in Ziffer 10 des Drehbuchs) die neue Lösung graphisch vorgeführt haben. Den Wunsch kann ihm der Controller erfüllen. Im Schaubild 5/3 ist auf der waagrechten Achse die verfügbare Kapazität in Stunden abgetragen und der limitierende Engpass bei 9.500 Stunden angegeben. Auf der senkrechten Achse ist der Deckungsbeitrag je Stunde eingesetzt.

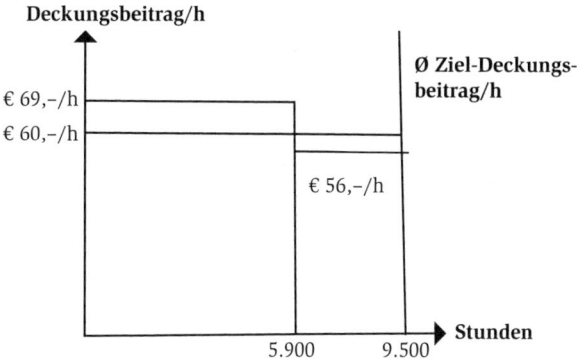

Abb. 5/3: die graphische Präsentation des Budgets

Artikel 2 beansprucht 3.600 Stunden (2.000 Tonnen mal 1,8 Stunden je Tonne). Sein Deckungsbeitrag je Stunde beläuft sich auf 56,– €/h. Artikel 3 benötigt die weiteren 5.900 Arbeitsstunden und spielt je Stunde rund 69,– € Deckungsbeitrag ein. Die Rechtecke aus Stunden mal Deckungsbeitrag je Stunde ergeben das Volumen der Deckungsbeiträge, das jedes der beiden Erzeugnisse bringt, das die Kapazität in Anspruch nimmt.

Der Ziel-Deckungsbeitrag bestimmt sich nach der Formel:

$$\frac{\text{Strukturkosten} + \text{Kapitalertragsziel} - \text{Deckungsbeiträge aus dem Handelsgeschäft}}{\text{Verfügbare Kapazität in Stunden}}$$

$$= \frac{500\ 000 + 150\ 000 - 80\ 000}{9\ 500} = \text{rund } 60,-\ \text{€/Stunde}$$

Man könnte dem Präsidenten also sagen, dass Artikel 3, der das größte Stundenvolumen beansprucht, die Meßlatte überspringt – wie beim Hochsprung – und dass Artikel 2 noch so trainiert werden muss, dass er das Ziel auch noch schafft. Jedenfalls ist das Plus bei Artikel 3 mehr als ausreichend, um das Manko von Artikel 2 auszugleichen. Die Produkte sind gemäß ihrer Struktur nicht gleich ergiebig im Deckungsbeitrag.

Zum Organisationsvorschlag des Präsidenten

In Ziffer 10 des Drehbuchs hat der Präsident erwähnt, dass er die nach Funktionen gegliederte Organisation ändern wolle auf eine Spartenorganisation. Normalerweise versteht man unter einer Spartenlösung auch, dass die Produktion zur Sparte gehört. Nehmen wir an, dies könnte sogar technisch so verwirklicht werden, dass man die Produktion in verschiedene Linien aufteilt, die den Sparten zugehörig sind.

Aber an einem Sachverhalt hängt es: Die Kunden sind nämlich identisch. Es sind Möbelhersteller – und es handelt sich jeweils um drei Folientypen von technisch ähnlicher Art (Laminate). Es ist ausgeschlossen, sich vorzustellen, dass drei verschiedene Menschen zu demselben Kunden kommen und im Prinzip denselben Typ von Produkt verkaufen. Womöglich sich auch noch kollegial überbieten, dem Kunden Rabatte anzubieten.

Also diese Idee ist nicht umzusetzen. Es wäre etwas anderes, wenn man auch Folien hätte für Automobile (Cockpitfolien), Folien für Bau (Dichtungsfolien) oder/und Folien für Büromaterial. Dann ist es klar, dann könnte man kundenorientierte Profit Centers bilden.

Und das Beispiel hat gezeigt, auch wenn es ein Fallbeispiel ist, dass man für eine neue, zum Gewinnziel führende Lösung eine Zuordnung der zentralen Strukturkosten auf die Produkte nicht benötigt. Allenfalls würde es dann nötig werden, wenn eine auf Vollkosten gestützte Preiskalkulation erfolgen soll. Aber eine Verkaufspreis-Zielsetzung kann der Controller auch mit Deckungsbeiträgen erreichen – eben durch Zieldeckungsbeiträge auf die Einheiten einer knappen Ressource.

Ist die Planung a) zielführend? b) realistisch?

Das neue Budget ist zielerreichend. Die im Drehbuch in Ziffer 10 genannte Gewinnzielsetzung von 15 % Return on Investment wird erreicht; und begründet wurde diese Zielsetzung in der Abbildung 1/3 im ersten Kapitel. Das sieht man rechnerisch schnell.

Wenn die Zielsetzung nicht erfüllt worden wäre, hätte nochmals geknetet werden müssen. Bei einem deutlichen Überschreiten der Zielsetzung wäre die Frage aufgetreten, ob man sie höher ansetzen soll. Aber ausgewiesen ist die Idee mit dem »**Value Added**«. Dieser **Wertbeitrag** ist in diesem Buch schon seit der 1. Auflage 1971 mit »Managementerfolg« bezeichnet.

Schwieriger ist, ob man **die Planung für realistisch ansehen darf**. Da begab es sich einmal in einem Konferenzspiel, dass derjenige der Teilnehmer, der die Rolle des Präsidenten hatte, zum Schluss noch mal fragte: Ist das Budget jetzt auch wirklich realistisch? Und einer der Beteiligten sagte darauf: »Wenn wir es hinkriegen, ist es realistisch«. Es herrschte große Heiterkeit damals. Aber dieser Scherz wird sofort echte gute Budgetphilosophie, wenn wir das Wort »wollen« dazufügen.

Wenn wir's hinkriegen wollen, ist es realistisch. Und Voraussetzung des Wollens ist, dass die zuständigen Managers, welche die Entscheidungen umzusetzen haben, auch lebendig **persönlich dabei sind und die Planung mit ihren Inhalten festgelegt haben.**

Checkliste, ob Budget realistisch – zugleich »risk list«

Nun ließe sich eine Check-Liste aufstellen, die ein Art »**Standard-Fragenkatalog** des Controllers« darstellt, und folgende Punkte umfasst:

1. Sind **Analysen und Prognosen** ausreichend und verlässlich? Ist also das, was geplant worden ist, auch auf realistisch anzunehmenden Prognosen aufgebaut? Vor allem: Sind Art und Höhe des Bedarfs erkannt? Aus welcher Art von Bedarf möchte man mit Folien ausgerüstete Möbel haben? Und wie ist dann die Höhe des Bedarfs? Wächst dieser Markt, oder wächst er nicht mehr? Welche Verhaltensweisen wirken in diese Richtung?

2. Sind **Alternativen und Sensitivitäten** geprüft worden? Hat man nach dem Wenn ..., dann ... - Prinzip überlegt, was man tut, wenn es anders kommt als geplant. In diesen Prüfpunkt gehören nachher auch hinein die Optimistisch-pessimistisch-Korridore. Je besser man sich auf das rüstet, was man im Falle anderer Annahmen täte, desto sicherer lässt sich kurzfristig reagieren. Aus diesem Grunde ist ja auch kein Widerspruch zwischen planen und improvisieren. Derjenige kann gekonnt improvisieren, der es versteht, realistisch und auf Alternativen aufgebaut zu planen.

3. Sind **strategische und operative Planung integriert?** So wäre die Umstellung des Artikels 1 auf Handelsware nicht nur ein operatives Thema, ob ein Lieferant zu finden ist und terminsicher liefert. Dazu gehört auch die strategische Frage, ob sich jetzt das Leitbild des Unternehmens ändert. Tritt vielleicht ein Potenzialverlust ein, wenn ein Produkt, das man seither selber hergestellt hat, jetzt als Handelsware geführt wird? Wo befindet sich Artikel 1 auf dem Portfolio? Überhaupt ließen sich die 4 im Fallbeispiel skizzierten Produkte nach dem Portfolio-Bild ordnen, wie es in der folgenden Abbildung 5/4 gezeigt ist. Eine andere Beispiel-Frage zum Prüfprodukt 3 ist, ob der Artikel 3, der nach Drehbuch einen technischen Vorsprung vor Mitbewerbern besitzt (sei es in der Verarbeitungsfähigkeit, sei es im Dekor, sei es in der Art, wie er sich anfühlt) im Verkaufspreis angehoben werden kann. Das lässt sich einmal operativ begründen durch eine Preiskalkulation mit dem Solldeckungsbeitrag von 60,- € je Stunde. Diese 60,- € – zufälligerweise

stimmt das überein – könnten sein erst einmal der Besitzstand, der von Artikel 1 angeboten ist. Und dann ist dieser
Solldeckungsbeitrag je Stunde zu ermitteln nach Art der Abbildung 5/3 mit der dort gezeigten Rechenformel, die ebenfalls 60,– € je Stunde ergibt.

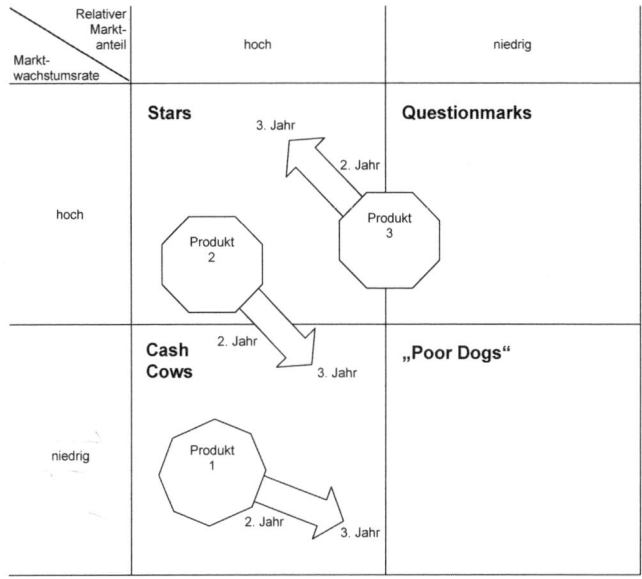

Abb. 5/4: Portfoliobild

Die strategische Frage ist jetzt, ob diese 69,– Deckungsbeitrag je Stunde beim Verkaufspreis von 650,– je Tonne
vom Potenzial her machbar sein müssten. Auf diese Weise
kommt eine weitere Betrachtung für die Verkaufspreisfin-
dung hinzu. Aus dem operativen Bereich haben wir »ge-
erbt« das **Spannungsfeld zwischen nötig** (Preiskalkulation
von den Kosten her) **und möglich** (von den Kunden und
Mitbewerbern her). Hinzu kommt das **möglich Sein müsste
ausgehen vom Potenzial – den strategischen Fähigkeiten.**

Dazu ließe sich eine Analyse gemäß der Abbildung 5/5 aufbauen:

Was z.B. ist es, das die Kunden als Problem gelöst haben wollen? Analog der "Fächer" in einem Schulzeugnis	Wert bzw. Gewicht	Wir, im Vergleich zum Wettbewerber, "benoten" uns als:					also Note	Potenzial-Summe = (Wert x Note)
		sicher besser 5	eher besser 4	gleich gut 3	eher schlechter 2	sicher schlechter 1		
Verarbeitung	40	●——X————————●					4	160
Dekor	10	X——————————————●					5	50
"Feeling"	5	●————————X————●					3	15
Präzision der Lieferung	10	●————————————X——●					2	20
Anwendungstechnik	35	X——————————————●					5	175
	100	Ist-Potenzial-Summe						420
		Ist-Potenzial-Faktor (max. 500 / 300 min. 100 / 300)						1,4

Abb. 5/5: Potenzialprofil

Es ergibt sich eine Potenzialsumme von 420 Punkten. Dieser Wert ist in sich schon einmal controllable. Man könnte zu einem späteren Termin erneut die Kriterien prüfen. Käme weniger heraus als 420, so hieße das, dass ein Potenzialverlust eingetreten ist. Ist das zu spüren, so lässt sich jetzt schon abschätzen, dass einige Zeit später man im Verkaufspreis wohl nicht mehr hinkommt, folglich die Ergebnisse nicht mehr stimmen und wieder einige Zeit später die Finanzen nicht mehr in Ordnung sein werden. Also haben wir hier bei dieser Gelegenheit auch einen Baustein zu einem strategischen Frühbeurteilungssystem gewonnen.

4. Sind die **operativen Teilpläne verzahnt?** Das hieße jetzt die Integration von Verkaufsplan, Produktionsplan, Beschaffungsplan usw. Im Beispiel erfolgt vor allem eine Abstimmung auf den Engpass der Stunden. Ferner erfüllt das Zusammenwirken von Verkauf, Produktion und Einkauf in der Budgetkonferenz diese Verknüpfung; moderiert durch den Controller. Was ausdrücklich in der Integration der operativen Teilpläne fehlt, ist der Finanzplan. Dazu müsste

parallel zur Budgetierung des Ergebnisses im Rahmen der Deckungsbeitragsrechnung eine Bewegungsbilanz aufgebaut werden, die über zusätzliche Mittelbedarfe und deren Finanzierung Auskunft gibt (bzw. Budget im Rahmen der Kapitalflussrechnung).

5. Sind **Maßnahmen geplant**, oder hat man es einfach rechnerisch hingetrimmt? Manche fangen ja mit dem Budget unten an. Sie fragen, was der Präsident sehen will. Also schreibt man gleich hin, dass 150.000 € als Betriebsergebnis herauskommen sollen. Dann wird nach oben hin angepasst – und bei Abweichungen wird einem dann schon etwas einfallen. Dankenswerterweise gibt es ja immer die Möglichkeit des Wetterberichts zur Begründung von Abweichungen. Also müssten die Budgetzahlen durch Aktionen hinterlegt sein.

6. Besteht eine kundenbezogene Auftragseingangsplanung? An sich ist das wieder eine Fortsetzung der Überlegung, ob es auch Maßnahmen sind, die man da geplant hat, oder ob bloß Zahlen geschrieben worden sind. Die **kundenbezogene Auftragseingangsplanung** schreit nämlich geradezu nach Maßnahmen der Kundenbesuche, anwendungstechnischen Hilfe, der Werbekostenzuschüsse, der Aktionen. Häufiger Irrtum bei der Planung ist ja, dass man von den Produkten ausgeht und fragt, wo jetzt die Kunden seien. Besser ist es, vom Kunden her auf das Produkt hinzudenken. Das führt dann auch wieder zurück zu Ziffer 3 in der Prüfliste, ob operative und strategische Planung integriert seien. Außerdem ist Frage 1 zugeschaltet, weil vom Kunden her Markterkenntnisse kommen.

7. Liegt **Kontinuität in der Planung** drin? Das mag sich einmal beziehen auf den Vergleich zum Vorjahr. Vor allem aber erhebt sich die Frage, ob das Jahrsbudget – der Jahreswirtschaftsplan – auch in eine rollende Mehrjahresplanung eingebettet ist. Oder steckt irgendwo ein Hockeyschlägereffekt oder der Stierhornplan drin? Das hieße, dass in einem späteren Jahr der Umsatz steil nach oben zeigt. Bloß im bevorstehenden Jahr geht es halt nicht. Also müsste man

die Budgetierung des bevorstehenden Jahres auch mit der Mehrjahresplanung integrieren – und umgekehrt vor allem. Was langfristig gewollt ist, muss auch kurzfristig machbar sein. Wobei übrigens etwas nicht dadurch strategisch wird, dass man es langfristig plant. Die Mehrjahreskontinuität ist ein zusätzlicher Gesichtspunkt zur Frage 3), ob strategische und operative Planung verknüpft sind. Zur operativen Mehrjahresplanung gehört auch die Realisierung dessen, was eine Erfahrungskurve an Rationalisierungspotenzial vorgibt.

8. Hat der's/die's gesagt, **der/die zuständig ist?** Das wäre ein wichtiger Prüfpunkt in der begleitenden Beurteilung durch den Controller, ob die Planung realistisch ist. Nicht dass Verkaufspreise durch den Produktionschef gemacht und dass Durchlaufzeiten-Verkürzungen durch den Verkaufschef entschieden werden. Das führt auch gleich weiter zur nächsten Ziffer:

9. Wurde die Planung auch »**von unten« her – also »bottom up**« erarbeitet? Ist also das Budget zusammen mit den Mitarbeitern entwickelt worden?

10. Ist die Planung **ökonomisch logisch?** Da lässt sich in Abbildung 5/2 für das neue Budget einmal sagen, dass es günstig ist, wenn begleitend die Zahlen, über die Entscheidungen getroffen worden sind, auch sichtbar protokolliert werden. Das betrifft vor allem die Fertigungszeiten. Ist es ökonomisch logisch, dass bei Artikel 2, der schon die kürzeste Fertigungszeit hat, eine weitere Reduktion machbar erscheint? Ja, ließe sich sagen; denn Artikel 2 ist ein Standardprodukt, das man in der Produktion besonders gut beherrscht. Nur kann dann die Reduktion der Arbeitszeiten nicht mehr groß sein. Vielleicht sind die 1,8 Stunden, die im neuen Budget niedergelegt worden sind, so einigermaßen machbar. Aber laut dem protokollierten Beispiel ist es nicht logisch, dass der Produktkostensatz von 320,– € je t beibehalten worden ist, obwohl die Fertigungszeit verkürzt

wurde von 2 auf 1,8 Stunden je t. Daraus folgt nämlich, dass die Produktfertigungskosten sich ebenfalls reduzieren müssten. Da von Artikel 3 abzuleiten ist, dass die Stunde einem Kostensatz von 20,– € entspricht, würde sich der Prokosatz für Artikel 2 reduzieren auf 316,–; also um 0,2 von 20. Zunächst könnte man auch fragen, ob es ökonomisch logisch ist, bei Artikel 3 die Menge zu erhöhen und gleichzeitig den Preis heraufzusetzen. Man könnte sich fragen, ob die Nachfragefunktion jetzt so verläuft, dass man bei höherem Preis einfach mehr verkaufen kann. Das würde ja viele Probleme vieler Branchen schlagartig lösen lassen.

Bloß ist es hier nicht so gemeint. Es handelt sich nicht um eine andere Darstellung der Preis-Absatz-Funktion, sondern um ein Verlagern der Preisabsatzkurve auf ein höheres Niveau, das rechts draußen liegt. Dies erscheint machbar durch den beträchtlichen technischen Vorsprung. Damit wäre wieder die Prüffrage 3 aufgeboten zusammen mit Checkfrage 10 – als strategisch beherrscht und wirtschaftlich logisch.

Diese 10 Prüffragen könnten – wie gesagt – wirken als eine Art **Standardfragen-Katalog des Controllers.** Je mehr ein System die Fragen stellt, desto weniger muss eine Person sie stellen. Wenn ein System fragt – auch wenn die Frage bitter sein mag – dann fördert das die Idee der Selbstüberzeugung und sichert den Traineraspekt in der Erfüllung der Controllerfunktion.

Abb. 5/6: Ausrufezeichen und Fragezeichen-Symbol

Unternehmensplanung
– strategisch, operativ und dispositiv –

▬▬▬▬▬▬▬▬▬▬▬▬▬▬▬▬▬▬▬▬▬▬▬▬▬▬▬▬▬

Wie eine Unternehmensplanung aufzubauen ist, hat im Skelett schon die Planungsfallstudie der Plastikfabrik Lamina AG im 5. Kapitel gezeigt. Das mindeste nämlich, was auf dem Weg zum Gewinnziel in Form einer Planung festgelegt werden muss, ist das Verhältnis zwischen Umsatz, Kosten und Gewinn. Dabei hat es sich bei der Plastikfabrik schon um eine recht differenzierte Planung gehandelt, die sich auf einzelne Erzeugnisse bezog. Oft genug wird in der Praxis der Umsatz noch pauschal in der Weise geplant, dass man das abgelaufene Jahr hernimmt und 10 % dazufügt oder abzieht – je nach dem vorhandenen Optimismus. Solche Planungsmethoden bleiben im Bereich der Prognose hängen. Der Einstieg in eine integrierte Unternehmensplanung erfordert im Absatzbereich eine differenzierte Planung von Stückzahlen bei den einzelnen Erzeugnissen oder zumindest Erzeugnisgruppen, und dies von den Kunden her. Wie soll sonst die Produktionsplanung ihren Stundenbedarf oder der Einkauf sein Materialbeschaffungsprogramm planen können? Vgl. die Ausführungen im 7. Kapitel über die Management-Erfolgsrechnung als Planrahmen und deren Ausbau auch in technische Daten wie Stückliste und Arbeitsplan.

Planung und Prognose

Prognosen sind Vorhersagen. Zum Beispiel sagen wir Wetterprognose und nicht Wetterplanung, weil wir das Wetter mit eigenen Entscheidungen nicht selber machen können. Aber viele Entscheidungen brauchen als Annahme das Wetter. **Prognosen sind also Annahmen für die Planung** – und natürlich müssen die Prognosen in die Zukunft gehen genau wie die Planung auch. Dass wir es nicht genau wissen können, dass wir keine Hellseher sind, ist immer Bestandteil des Risikos. Das Risiko wird aber kleiner bei der Umsetzung der Planung, wenn die Entscheidungen gleichzeitig identisch sind mit den **Willenserklärungen** der zuständigen Managers. Was man sich fest vornimmt mit Terminen, die fleißig machen, kann auch erreicht werden.

Erlebnisbeispiel: Der Vorstandsvorsitzende einer Unternehmung fragte einen der Spartenchefs: »Ist Ihre Planung für 2007 realistisch?« Antwort des Spartenchefs: »Ja(wohl).« Vorstandsvorsitzender : »Warum?« Antwort des Spartenchefs: »Weil wir alles genau analysiert haben und die Daten unserer Planung gründlich geprüft sind.« Vorstandsvorsitzender: »Haben Sie wirklich alles genau geprüft? Da ist doch ein neues Gutachten von dem XY-Team erstellt worden. Haben Sie das einbezogen? Auch hat Herr Sowieso neulich einen Aufsatz im Z-Magazin geschrieben, der gerade für Ihren Bereich interessante Perspektiven eröffnet.« Der Spartenchef ist frustriert. Alles kann er nicht geprüft und bedacht haben. Irgendwann muss man auch einmal aufhören, weitere Fakten zu sammeln und vom Problemlöser zum Konfliktlöser übergehen; d. h. die Planung zum Laufen zu bringen, ob sie nun stimmt oder nicht.

Der Spartenleiter hätte auf die Frage, ob seine Planung realistisch sei, auch antworten können: »Weil meine Mitarbeiter und ich uns **vorgenommen haben**, das Geplante in die Tat umzusetzen (als Konfliktlöser).« Fragt der Vorstand: »Sind sie sicher?«, so müsste der Spartenleiter antworten: »So sicher wie ich der Sparten-Chef bin«.

Diese beiden Antworten markieren den Unterschied zwischen der Planung als einem Fahrplan für das Management und der Problemlösungs- und Prognose-Vorarbeit in den Planungs-Stäben.

Eine Kernaussage für die Verlässlichkeit der Planung ist der Satz »Wenn wir es hinkriegen **wollen**, ist es realistisch«.

Um von der Umsatzprognose zu einer operativen Planung vom Verkauf her zu gelangen, ist erst einmal zu trennen Verkaufsmengen und Verkaufspreise. Der Umsatz für sich allein ist eigentlich keine Entscheidungsgröße, sondern mehr ein Wachstums- oder Schrumpfthema. Die Entscheidungen betreffen die Produkte der Stückzahl nach; und die Stückzahlen hängen von den Verkaufspreisen ab – dies im Vergleich zu den Mitbewerbern. Dazu kommt die Planung der Werbemaßnahmen bzw. ganz generell der Promotions-Maßnahmen und deren Kosten inklusive Anwendungsberatung, After Sales Service. Und da gehören nicht nur Zahlen für Kosten hingeschrieben in das Budget, sondern die Maßnahmen sind in eine operative Maßnahmeliste einzutragen – also **Activity Based Cost**.

Plant man vom Kunden her, landet man unerbittlich beim Thema der Erlösschmälerungen. Wie viele große Kunden sind im Kunden-Mix; große Kunden machen zwar Volumen, haben aber auf den Preisen den Daumen drauf. Vielleicht sind mittlere Kunden die attraktiveren? Der Abschluss der Planung vom Kunden her ergibt sich schließlich in Form einer Kundenergebnisrechnung, in der sich der direkte Bemühaufwand um den Kunden wiederspiegelt und die Erlösschmälerungen sichtbar werden – sowohl die sofort gegebenen Rabatte sowie die später auftretenden wie z.B. Jahresboni oder Rückvergütungen oder auch Skontoabzüge beim Zahlungseingang. Plant man so, dann findet man auch Ungereimtheiten wie im folgenden Beispiel:

In einer bekannten Unternehmung wurde bei einem solchen differenzierten Planungsgespräch in Frage gestellt, warum dieselben Produkte in demselben Gebiet verkauft werden sowohl durch Spezialisten aus dem Innendienst als auch durch eigene Niederlassungen in dem betreffenden Gebiet als auch durch Fachhändler für derartige Erzeugnisse als auch durch selbständige Handelsvertreter. Auf diese Weise gehen einerseits durch

Rabatte und Provision die Deckungsbeiträge verloren, die andererseits für die Strukturkosten des eigenen Service- und Vertriebsapparats dringend gebraucht würden. Auf die Frage, was man sich dabei gedacht habe, erfolgte Achselzucken. Das hat sich im Lauf der Jahre so herausgebildet. Bisher hatte das betreffende Haus seinen Umsatz auch so geplant, dass einfach nach Erfahrungswerten eine Wachstumsrate von 20 % auf den Umsatz des Vorjahres aufgestockt wurde.

Strategisch, operativ, dispositiv

In der Unternehmensplanung ist einmal zu klären, **was** man tun/lassen will sowie wohin sich entwickeln. Derartige Themen, die immer etwas abstrakter sind, haben schließlich die Bezeichnung gefunden »strategische« Planung. Auf das was folgt das **wie**. **Die Tat folgt dem Gedanken wie der Karren dem Ochsen**, soll ein chinesisches Sprichwort sein. Die Maßnahmenplanung und deren zahlenmäßige Begleitung bildet das, dass wir uns angewöhnt haben, die »operative« Planung zu nennen.

Es kommt aber oft anders, als man denkt. Allerdings erst dann, wenn man vorher gedacht hat. Das **vorher Denken ist ja die Planung**. Maßgeblich ist, dass man das nicht mehr bloß im Kopf denkt, sondern auch **hinschreibt**. Das fällt leichter, wenn **passende Formulare** verfügbar sind. Wenn es anders kommt, als man gedacht hat, muss man reagieren. Dieses reagieren ist das »dispositive« Planen oder besser Steuern im Tagesgeschäft dann, wenn es passiert. Die dispositive Steuerung ist umso erfolgreicher, wenn man sich vorher überlegt hat, was man macht, wenn....., dann.... Dann kann man sagen: »Grüß Gott Abweichung«, auf dich habe ich schon gewartet. Dann kann ich vielleicht aus der Schublade einen alternativen Durchführungsplan holen.

Das Dispositive koppelt auch wieder zurück zu operativ und strategisch. Wenn man sich zum Beispiel beim Suppe essen den Mund verbrennt, so ist dies eine Abweichung, die zu einer dispositiven Reaktion veranlasst. Man kann langsamer löffeln und vorher blasen – das verändert die operative Durchführung des Suppeessens. Man könnte aber auch denken, wenn man doch bloß jetzt Pudding vor sich stehen hätte, der kühl wäre und schneller gelöffelt werden könnte. Das wäre dann wie ein anderes Produkt, das man braucht. Derartiges wäre Themenspeicher für die strategische Neubesinnung, die auch aus dem Tagesgeschehen mit Ideen gespeist wird.

Daraus entsteht auch der Regelkreis, in dem die Abweichungen die Störungen bilden, die korrigierend wirken sollen. Bei einem technischen Regelungsprozess geht das automatisch und ohne dass man es merkt. Im Management ist eben »in die Speichen zu greifen«, da ist das Reagieren auf die Störungen ein Kraftakt und fordert eben die Überzeugungsarbeit bei den beteiligten Mitarbeitern, die einmal mit erkennen und dann mitmachen müssen.

Strategische Unternehmungsplanung

Die strategische Planung besteht aus der Festlegung und ausdrücklichen Formulierung von:

- Leitbild (Unternehmens-Aufgabe)
- Zielsetzung (Marktanteil, ROI)
- Strategien (Wege zu den Zielen)
- Prämissen (Verhaltens-Annahmen bei anderen)
- Maßnahmen (Erfordernissen)

Leitbilder wären z. B.: »Wir sind eine Unternehmung, die Markenartikel anbietet (statt Massenware)« oder »wir liefern an den breiten Markt durchrationalisierte Erzeugnisse in großen Serien zu niedrigen Preisen«. Eine Zielsetzung wäre: »Wir wollen unseren Marktanteil im nächsten Jahr um 20 % erhöhen.« Beispiel für die Strategie:« Der Weg, den wir zum Ziel der Erhöhung des Marktanteils gehen wollen, besteht im verstärkten Einsatz an

Werbung, Verkaufsförderung sowie Service (und nicht etwa in einer Preissenkung).« Als Prämisse gilt: »Unser Konkurrent Y bringt auf diesem Gebiet während des Planungszeitraums kein neues Produkt heraus.« Eine Maßnahme wäre: »Entwickeln einer neuen Werbekonzeption unter Mithilfe der Werbeagentur X sowie die Suche und das Eintrainieren eines neuen Produkt-Managers.«

Diese Überlegungen lassen sich in einem schnell skizzierten Formular gemäß der Abbildung 6/1 aufschreiben. Dass man es hinschreibt, hat nicht nur formale Bedeutung. Solange man es nicht schreiben kann, ist es nicht klar und zu Ende gedacht. Und ein Formular erleichtert, dass man es »vor Augen« hat. Jetzt bin ich im Bild – also muss man Bilder setzen; wobei es egal ist, ob das Formular jetzt aus Papier besteht oder im Bildschirm zu sehen ist.

Dabei lehrt die Erfahrung, dass am besten die Planung dann gelingt, wenn man ein Formular gemeinschaftlich ausfüllt im Team der Kollegen. Dann ist jeder aufgefordert, was er einbringen will, zu erklären. Wenn man es erklärt, dann wird es klar. Außerdem muss man sich **durch Aufschreiben auch festlegen**. Bleibt die Kommunikation rein verbal, kann man nachher immer einbringen, dass man es so nicht gemeint habe.

Ein solches Formular für sich allein ausfüllen, ist Fleißarbeit und fordert nicht heraus. Schließlich lässt man es liegen. Im Team gemacht, erzeugt es mehr Spannung und lässt die Planung zum Erlebnis werden.

	speziell im Inland	speziell im Ausland
1. Langfristige geschäfts-politische ZIELSETZUNGEN Produktgruppen XY	Einführung eines neuen Artikelsortiments auf einem Markt, der zukunftsträchtig ist; auf dem aber bisher nur die Konkurrenz B arbeitet. Erreichen folgender Marktanteile In den nächsten 5 Jahren . . . . Postulierung eines Qualitäts-Image und damit Distanz schaffen zur Konkurrenz	keine
2. STRATEGIE	Distribution: Die Artikel müssen überall im Handel gezeigt und angeboten werden. Dazu Einführungswerbung im 1., 2., 3. Jahr degressiv; Vertriebsapparat 1., 2., 3. Jahr progressiv Werbung soll zuerst Marktsegment . . . ansprechen.	

	a) in bezug auf Zielsetzung und Strategie	b) in bezug auf die 5-Jahresziele (Umsatz und Ergebnis)
3. PRÄMISSEN (Für die Erreichung der Ziele wesentlich Voraussetzungen, auf die der Geschäftsbereich keinen direkten Einfluss hat)	Die starke Konkurrenz A dehnt ihr Programm auf diesen Artikeltyp nicht aus.	Die Artikelnamen kommen so an, wie es die Akzeptanz-Tests und Testmarktergebnisse erwarten lassen.

	Vertrieb	Produktion	Einkauf	Finanzierung
4. Um die Ziele zu erreichen, sind folgende Maßnahmen in Angriff zu nehmen	Suche und Training neuer Außendienstmitarbeiter. Engagement eines Verkaufsleiters, der sich im Vertriebsweg F auskennt.	Anschaffung Verpackungsmaschine hk, Umorganisation Fabrikgebäude C	Kooperation mit Firma W wegen Drucken des Verpackungsmaterials	Erhöhung Gesellschafter-darlehen

Abb. 6/1: Schema für ein schnelles Aufschreibeblatt

Prämissen und Prognosen

Eine schwierige Stelle in diesem Formular bildet das Thema der Prämissen. Das sind nicht einfache Resultate, die man aus den Prognosen als Annahmen für die Planung gefunden hat. Prämissen gehören unvermeidlich zur Festlegung von Strategien.

Strategien sind gleichzeitig »Kriegslisten«. Die berühmteste Kriegslist des Altertums war das Trojanische Pferd als eine Strategie, wie man die Festung Troja (die Festung Kunde) erobern kann. **Strategien laufen darauf hinaus, wie man sich einen Wettbewerbsvorteil erobert.** Dann setzt man doch **stillschweigend die Prämisse, dass die Mitbewerber nicht das Gleiche machen**. Wenn alle dasselbe in Gang setzen, um sich größere Marktanteile zu erobern, dann ist das doch nicht erreichbar. Die Folge sind, durch Verdrängen entstanden, meist fallende Preise.

Das ist eben kritisch, wenn man die **Strategie der Tiefflugpreise** wählt, um eben zusätzlich Marktanteil zu erobern durch niedrigere Preise. Dann muss man doch die Prämisse setzen, dass die Mitbewerber – die man jetzt **namentlich ins Formular** schreiben sollte – nicht dasselbe an Strategie auch machen. Denn wenn dies passiert, hat man doch nachher keinen Vorteil mehr gegenüber den Mitbewerbern. Schreibt man das hin ins Formular, sieht man auch besser ein, dass eine solche Prämisse wenig Verlässlichkeit an sich hat, weil Preise senken ist kein Kunststück. Also muss man die Strategie eben anders formulieren.

Die besseren Strategien sind jene, die an den **Fähigkeiten von Menschen** hängen, die den Kunden beraten, behilflich sind beim Anlaufen eines Produkts, sich wieder sehen lassen im Sinne von »nach verkaufen«. Solche vom Kunden auch empfundenen und gewollten Vorteile sind von den Mitbewerbern nicht so ohne weiteres nachzumachen.

Also sind die Prämissen nahe bei den Willenserklärungen. Es handelt sich um Annahmen, das man etwas Bestimmtes als Verhalten der andern will oder auch nicht will. Um dies dann abzusichern, muss man den Sachverhalt analysieren. Warum haben die Mitbewerber diese Fähigkeiten nicht auch? Und natürlich muss man prognostizieren, ob der Ist-Zustand beibehalten wird, oder ob die Mitbewerber sich nicht selber auch entwickeln.

Zeitraum für die strategische Planung

Die strategische Unternehmensplanung ist überwiegend problemorientiert und **weniger zeitraumbezogen**. Sie muss aber – wenn man in Perioden denkt – langfristig (5 bis 10 Jahre) konzipiert sein. Strategien sind keine Angelegenheiten von heute auf morgen. Es handelt sich um langfristige Vorstellungen. Taktik wäre hingegen das kurzfristige Herumflicken an den entweder wegen entzogener Prämissen zusammengestürzten oder nicht konsequent genug geplanten Strategien; wobei der alte militärische Grundsatz, dass Fehler im (strategischen) Aufmarsch durch noch so gute Taktik nicht mehr korrigiert werden können, sinngemäß auch für die Wirtschaft gilt.

Außerdem zeigt die zwangsläufig längerfristig aufzustellende strategische Planung, dass lang- und kurzfristig keine Gegensätze darstellen. Manchmal erinnern Gespräche in der Praxis daran, als sei die langfristige Planung so eine Art Formulierung der guten Vorsätze, während die kurzfristige Planung dagegen »die Praxis« repräsentiere. Durch solche Thesen bleibt es beim Management by Happening; denn eine kurzfristige Planung kann nur dann Hand und Fuß haben, wenn sie von einer langfristigen strategischen Unternehmensplanung umhüllt ist.

Diesen Sachverhalt kann man auch durch den Vergleich mit der Planung einer Reise illustrieren. Die Zielsetzung wäre der Ort, zu dem die Reise hin führen soll. Die Strategie beträfe das Verkehrsmittel. Sodann wäre ein Budget in Zeit und Reisekosten zu machen (operative Planung). Entscheidet man sich für die Strategie, mit dem Auto zu fahren, und stellt sich dann bei der Steuerung auf den Straßen heraus, dass der Verkehr dichter und das Wetter schlechter ist als angenommen (dispositive Planung), so besteht meist auch keine Möglichkeit mehr, die gewählte Strategie zu verlassen und statt des Autos ein Flugzeug zu nehmen.

Operative Unternehmensplanung

Während die strategische Planung, abgesehen von den Zielkennzahlen, in Worten formuliert ist, besteht die operative Planung deutlicher in der Planungsrechnung. Aber nicht ausschließlich. **Auch operativ sind Textteile zu definieren**; nämlich die durchzuführenden Maßnahmen. Aber diese sind budgetmäßig einzukleiden. Das sagt schon das deutsche Wort Maßnahme: Der Sinn ist »**in Maßen nehmen**« (nicht in Massen). Also vom Wort her schon ergibt sich der Controlling-Gedanke.

Im Fallbeispiel des 5. Kapitels lag der Schwerpunkt beim Protokoll im Budget – im engeren Sinn in jenem, das zum Ergebnisziel führt. Es gab aber auch eine ganze Reihe von strategischen Fragen – zum Beispiel Zukauf von Produkt 1 anstatt Eigenherstellung, Produkt 4 in den Themenspeicher stellen, die strategische Prämisse des Engpasses der Arbeitsstunden; das Leitbild des »Focus«, dass nämlich Firma Lamina sich fokussiert auf den Kunden, der mit den Folien Möbel herstellt. Aber es könnte auch Folien für andere Anwendungen geben wie für Cockpits in Automobilen (müssen Hitze aushalten), oder Dichtungsfolien am Bau oder Folien für Büromaterial.

Aber diese strategischen Diskussionspunkte, die der Text erläutert, wurden als Planung nicht ausführlich schriftlich formuliert. Folglich kann es leicht passieren, dass man sich bei der nächsten Budgetsitzung nicht mehr so recht erinnern kann an das, was vorher besprochen war. Dann folgt man vielleicht einem Zick-Zack-Kurs je nach passender Gelegenheit.

Operative und strategische Planung enthalten einen Prozess der Rückkopplung. Einerseits gibt die strategische Planung für die operative Planung die Zielsetzung sowie die Wege zum Ziel vor. Ob die operative Planung mit dem OK der Geschäftsleitung verabschiedet werden kann, ergibt sich aus der strategischen Planung auch mit deren Zielgrößen. Anderseits muss durch die operative Planungsrechnung in den einzelnen Bereichen sichergestellt werden, dass die strategische Planung überhaupt realisierbar ist und nicht bloß einen Wunschtraum bildet. Ein wesentlicher Baustein im Gebäude der operativen Planung ist zum Beispiel der Finanzplan. Gerade von diesem Engpass her kann sich sehr schnell herausstellen, dass das Strategische nicht verwirklicht werden kann. Die operative Planung führt deshalb eventuell zu einer Revision der strategischen Konzeption. Die Ziele müssen zurückgesteckt oder auf Umwegen (mit neuen Strategien) verfolgt werden.

Also muss parallel mit der strategischen Planung auch eine das spätere Jahresbudget umhüllende mittelfristige operative Budgetierung aufgestellt werden. Die Machbarkeit der strategischen Ideen muss sich auch operativ bestätigen – und zwar möglichst schon parallel zum Formulieren der Strategien und nicht erst später, wenn man an das Jahresbudget geht.

Im Kern ist die operative Planung einerseits eine budgetierte Artikelerfolgsrechnung und anderseits eine Plan – Bewegungsbilanz, dargestellt als Cash Flow Planung (Kapitalflussrechnung). Prinzipiell gilt, dass ein Management-Informationssystem gleichzeitig auch ein Management-Planungssystem sein sollte. Und da sind derzeitig Veränderungen im Gange. Wenn die Rechnungslegung deutlicher nach IAS/IFRS aufgebaut wird als ein Informationssystem, müsste auch die Planung mehr in diesen Perspektiven geschehen – das hieße, dass in Plan und Ist eine größere Harmonisierung zwischen internem und externem Rechnungswesen sich anbahnt.

Jedenfalls braucht es für das Controlling **parallel zur Plan-Zahl auch eine Ist-Zahl und umgekehrt**. Sonst ist der Steuerungskreis nicht komplett. Abweichungen entstehen dann, weil der Plan ohne Ist bleibt oder weil Ist-Informationen eintreffen, für die eine Planung fehlt. Jedes Mal entsteht ein Unterschied zwischen Plan und Ist, der nicht eine praktische Managementaussage darstellt, sondern nur formal bedingt ist. Dann ist die Lust im Management, sich um Controlling zu kümmern, nicht so besonders groß. Abgesehen davon, dass stets ein Lernprozess einbezogen ist zwischen Plan und Ist. Der Plan lernt von Ist im Sinne des Machbaren; dass Ist richtet sich nach Plan im Sinne von Leitplanke, wie es sein und wohin es gehen soll.

Operative Planung im Ausbau

Der Kern der operativen Planung ließe sich in zwei Richtungen ausbauen:

1. Von der **Jahresplanung zu einer Mehrjahresplanung** (vergleiche Abbildung 6/2);

2. Aus der zahlenmäßigen Planung von Umsatz, Kosten und Gewinn im Rahmen der Management-Erfolgsrechnung (Abb. 7/1) **zur Form der technischen Integration** der Marktplanung mit Produktionsplan, Beschaffungs-, Lager- und Forschungsplan; dann abgestimmt mit Personal-, Finanz- und Gewinnplan. Vgl. die Abbildung 7.7. Vehikel dazu ist die **Produkt-Kalkulation** mit den technischen Daten wie Stücklisten / Rezepten und Arbeitsplänen.

Die beiden Ausbaurichtungen sind im Sinne von Sowohl-als-auch gemeint; also wie zwei Dimensionen zu verstehen.

Geht man in der Dimension der Mehrjahresplanung vor, so wird deutlich, dass die operative Planung als eine Planungsrechnung **unbedingt der strategischen Planung** bedarf. Andernfalls würde es sich um reine Extrapolation von Zahlenreihen handeln, die allenfalls Prognosecharakter hätten. Indessen gilt auch im Falle der Verzahnung von strategischer und operativer Planung, dass, je weiter in die Zukunft die Planungen reichen, desto mehr müssen auch **Korridore** um die Planzahlen herum gezogen werden. Deshalb auch das Wort **Perspektivbudget**. Je näher hingegen aus dem Mehrjahresplan das betreffende Jahr heranrückt, desto konkreter wird die Planung; bis sie schließlich den Charakter eines zur Ausführung beschlossenen Fahrplans annimmt. Dieses sogenannte Operating Budget kann sich je nach Branche auch auf ein Halbjahr (Frühjahrs- und Herbstkollektion in der Modebranche) oder auf einen Zwei-Jahres-Zusammenhang beziehen (zum Beispiel im Großmaschinenbau); es berücksichtigt jeweils die neuesten Prognosen-Ergebnisse.

Baut man die operative Planung vom Kern des Budgets von Umsatz, Kosten und Gewinn her **ins technische Netz** aus, so tritt hinter der zahlenmäßigen Planung von Erlösen, Deckungsbeiträgen und Kosten auch hervor die Planung des Mengengerüsts an Materialeinsätzen und Maschinen- sowie Arbeitsstunden und desgleichen die Terminplanung. Dazu ist erforderlich, dass der Absatzplan nicht einfach in €-Größen errichtet ist, sondern nach den Stückzahlen der zu verkaufenden Erzeugnisse aufgebaut wird. Aus Artikel und Stückzahl ergibt sich in der Planung des äußeren Netzes der Materialbedarf für den Einkauf sowie der Stundenbedarf für die Produktion – Auflösung der Stücklisten/ Rezepte und Arbeitspläne mit IT-Unterstützung.

Voraussetzung dafür ist, dass die Rezepturen bzw. Stücklisten der Erzeugnisse klar definiert sowie die Arbeitspläne und Belegungszeiten der Artikel auf den Kostenstellen der Produktion in Ordnung sind; zum Beispiel auch gegliedert nach Rüstzeiten und Ausführungszeiten. Über die Planung des Kosteneinsatzes in den Kostenstellen, bezogen auf deren Leistungsmaßstäbe (Bezugsgrößen), ergibt sich neben dem Bedarf an Aggregatstunden zur Erfüllung des Absatzplans auch der Bedarf an Mitarbeiterstunden sowohl der Menge als auch der Qualität nach – ferner der Bedarf an Gemeinkostenmaterial wie Werkzeuge, Hilfsstoffe und Reparaturmaterialien sowie der Bedarf an Energie. Reichen

Zahl und Qualifikationen der Mitarbeiterstunden nicht aus, um die Planung zu erfüllen, so leitet sich daraus der Personalsuch- sowie der Mitarbeiterförderungsplan ab. Ferner ergeben sich Anforderungen an den Personalplan aus der Erfüllung des Absatz- und Auftragseingangsplans heraus und aus den in der Verwaltung benötigten Funktionen.

Zwischen Absatz- und Produktionsplan sowie zwischen Produktions- und Beschaffungsplan puffern die Planungen der Rohstoff-, Halbfabrikate- und Fertigfabrikate – Lager. Alle diese Planungen finden ihr Spiegelbild im Finanzplan – vor allem auch die Finanzierung von Investitionen, von Einführungswerbung und neuen Forschungsprojekten. Ferner ergibt sich der Gewinnplan, der nicht nur Resultat-, sondern auch Zielfunktion ausübt und ursprünglich einmal das Art »inneres Netz« des gesamten operativen Planungsgebäudes gebildet hat – vgl. im 7. Kapitel die Abbildung 7/7.

Die Schwierigkeit der Unternehmensplanung liegt vor allem darin, dass es sich bei den geschilderten Zusammenhängen nicht um ein Hintereinander handelt, sondern um simultane Prozesse. Beim Aufbau der operativen Planung spielen sich ständig Rückkopplungsvorgänge ab, weil ein Plan zu seiner Realisierung darauf angewiesen ist, dass der Folgeplan auch über die Runden kommt, und umgekehrt – vgl. im 7. Kapitel Bild 7/8. Man müsste geradezu den Betrieb anhalten, um ungestört die Planung bauen zu können. Aber klar, dass das nicht gehen kann.

Man sagt, eine Kette sei nur so stark wie das schwächste Glied. Das gilt auch für die Teilpläne der integrierten operativen Unternehmensplanung. Das gesamte Planungsgebäude kann nicht stärker sein als der schwächste Teilplan. Deshalb wäre die Planung zunächst einmal von einem solchen Engpass her aufzuziehen.

Besser aber ist es, sich die Vorgehensweise bei der Unternehmensplanung so vorzustellen, dass der **Einstieg** in das gesamte

Planungsgebäude vom **Marktplan her erfolgt**. Normalerweise **liegt hier auch schon der Engpass**. Falls ein anderer Teilplan beim Aufbau des Budgetsystems die Rolle eines dominierenden Engpasses spielt, so ist mit diesem schneller und häufiger rückzukoppeln. Die Teilpläne, die als Engpass über den Marktplan triumphieren könnten, sind in der Regel **der Finanzplan oder der Personalplan** oder beide. Stellen sich also im Absatzprogramm oder bei der Abstimmung zwischen Produktions- und Absatzplan über Investitionen und Lager zusätzliche Anforderungen an Mitarbeiter und Finanzen als unvermeidlich heraus, so wären Personal- und Finanzplan sofort zu konsultieren. Halten die Folgepläne nicht stand, muss die auslösende Planung korrigiert werden.

Ist das Gebäude der operativen Planung aufgestellt und erfüllt es die Zielsetzungskennzahlen, so nimmt es den Charakter des Fahrplans für das kommende Jahr an bzw. hat die Funktion des Verkündens der Fahrtrichtung in der Mehrjahresplanung. Allerdings wird nur das Jahresbudget so tief in die technischen Mengengerüste oder die Geldbewegungsplanung eindringen, wie es jetzt angedeutet worden ist. Die Planung des 3., 4. und 5. Jahres kann eher perspektivisch skizziert sein; d. h. die 5-Jahres-Planung beschränkt sich, je weiter sie zeitlich hinausreicht, wieder stärker auf das Budget-Netz der operativen Planung (Umsatz, Kosten und Gewinn) als Perspektivbudget oder **sceleton budget**.

Wie so eine perspektivische Mehrjahres-Planung aussehen kann, zeigt Abbildung 6/2. Im Kern handelt es sich um eine **Ergebnisdarstellung mit einer kompakten Bewegungsbilanz**. Der herauskommende Netto Cash Flow kann als **Free Cash Flow** interpretiert werden. Im Kopf der Abbildung 6/2 ist der strategische Umsteigebahnhof drauf über die **Kennzahl Marktanteil** und die Frage, ob das **Marktvolumen** wächst oder schrumpft oder konstant bleibt. Ferner ist mit der Spalte Neues die **Unternehmensentwicklung** angesprochen. **Neues** kann sich beziehen auf Produkte, aber auch auf Regionen.

Sachverhalt	1. Jahr			2. Jahr			3. Jahr			4. Jahr			5. Jahr		
	Jetziges	Neues	Summe	Jetziges	Neues	Summe	Jetziges	Neues	Summe	Jetziges	Neues	Summe	Jetziges	Neues	Summe
Marktvolumen															
Marktanteil															
Absatzmengen															
Verkaufspreise / Einheit															
./. Produktkosten / Einheit															
Deckungsbeitrag / Einheit															
Summe Deckungsbeiträge															
./. Strukturkosten (ohne Abschreibungen)															
Ergebnis / Cash Flow															
./. Veränderung Mittelbindung															
Net Working Capital															
Anlagevermögen															
"Netto-Cash-Flow" (vor Ertragsteuern)															

wenn hier gutes Plus, dann Cash-Cows; Net Working Capital = Umlaufvermögen - nicht zu verzinsendes Fremdkapital (z.B. Kreditoren)

Abb. 6/2: Schema eines Mehrjahresplans mit strategischem »Umsteigebahnhof«

Dispositive Unternehmensplanung

Die dispositive Planung entspricht dem Vorgang der Steuerung. Wieder kann die Analogie zu einer Reise zu Rate gezogen werden. In der strategischen Planung werden das Reiseziel und die Art des Verkehrsmittels festgelegt. Angenommen, die Entscheidung fällt zugunsten des Autos. Die operative Planung bestimmt die Fahrtroute im einzelnen sowie die nötige Zeit und die erforderlichen Kosten. Während der Reise muss der Fahrer steuern – er muss schneller fahren, wenn er hinter der Terminplanung zurückzubleiben beginnt; er muss bremsen, wenn von der Seite ein Fahrzeug unvermutet einbiegt; er muss überholen und einen solchen Überholvorgang dispositiv planen; er muss vielleicht plötzlich eine Umleitung fahren und auch hier die operative Planung des Reiseverlaufs mit einer dispositiven Planung ergänzen.

Die dispositive Planung oder Steuerung enthält die Korrekturzündungen, um die einzelnen Bereiche auf Plankurs zu halten. Aus der dispositiven Planung heraus kann sich auch ergeben, dass der ursprünglich aufgestellte Fahrplan nicht mehr erfüllt werden kann oder übererfüllt werden wird. **Das Instrumentenbrett der dispositiven Planung bilden die Soll-Ist-Vergleiche** – also die Gegenüberstellung der Ist-Ereignisse mit dem in der operativen Planung vorgegebenen Soll.

So erfolgt in der operativen Planung eine Abstimmung des Absatzplans mit der in der Produktion zur Verfügung stehenden Kapazität an Stunden, um zu prüfen, of Bedarf und Deckung in Übereinstimmung sind bzw. durch Investitionen und Suche nach neuen Mitarbeitern erst noch aufeinander abgestimmt werden müssen. **Zur dispositiven Planung gehört die Fertigungssteuerung**, die von Terminwoche zu Terminwoche das laufende Verkaufsprogramm zum Produktionsprogramm umformt unter Zuhilfenahme der Lager als Pufferungsstationen. Zur dispositiven Planung gehören ferner die laufende wöchentliche oder monatliche **Liquiditätsdisposition** entlang der in der operativen

Finanzplanung vorgezeichneten Linie. Zur dispositiven Planung zählt auch das Disponieren oder Steuern etwa eines Bauprojekts entlang dem im Netzplan vorgegebenen Plankurs, ausgelöst durch den Soll-Ist-Vergleich an den einzelnen Meilensteinen (Baugewerken).

Es ist aber keinesfalls so, dass die dispositive Planung eine Änderung der operativen Planung mit sich bringt. Die operative Planung wird nur geändert, wenn eine der in der strategischen Planung ausdrücklich formulierten Prämissen nicht mehr zutrifft. Oft fällt ein solcher Sachverhalt dann ohnedies im Planungsverlauf mit der Aufstellung einer neuen operativen Planung für das kommende Jahr zusammen.

Wie weit sich die dispositive Planung von der operativen Planung entfernen kann, zeigen auch »Worst Cases« wie etwa bei Reiseplanungen ein Fluglotsenstreik (Air Traffic Controllers). Dann entstehen erhebliche Verspätungen. Die dispositve Planung der Fluggesellschaften sowie der Fluggäste bewegt sich dann in ganz erheblichen Abweichungen vom operativen Flugplan. Aber deshalb werden die Flugpläne nicht geändert und neu gedruckt. Aber die **Abweichungen** sind den Fluggästen (den Kunden) **anzukündigen**, damit sie wissen, wie sie dran sind.

Genau so wenig sollte der operative Absatz- und Umsatzplan geändert werden, falls sich herausstellen sollte, dass sich das Marktklima während eines Budgetjahres so abkühlt, dass der ursprüngliche Fahrplan nicht mehr erfüllt werden kann. Es käme auch hier ganz analog zum Ausweis von nicht mehr aufholbaren Verspätungen. Die dispositive Planung – konkret die Fertigungssteuerung – muss die Auslastung an die effektiv herein kommenden Aufträge anpassen. Im Extremfall kann die dispositive Planung auch Zwangsurlaub und Kurzarbeit einschließen. Demgemäß wären auch die laufenden Leistungs- und Kosten-Standards – sogenannte current work standards – des Betriebes zu korrigieren, was durch das flexible Leistungs- und Kostenbudget erfolgt.

Die begriffliche Struktur des Planungs-Gebäudes

Das Ordnungsmodell für die Unternehmensplanung ist dreidimensional. Wir haben es einmal zu tun mit der **Gliederung des Planungsstoffe**s. Da sind gewählt die drei Abschnitte strategische, operative und dispositive Unternehmensplanung; wobei in diesem Modell Fragen wie Leitbild oder **Unternehmensethik in die strategische Planung gehören**. Dies ist die eine Dimension.

Die zweite Dimension ist die **Fristigkeit der Planung:** Ist es der Jahresfahrplan mit mehr Details oder ist es der perspektivische Mehrjahresplan. Wobei die strategische Planung in der Regel längerfristig konzipiert ist, sie gilt aber auch schon sofort und beginnt nicht irgend wann später. Sinngemäß gibt es die operativen Pläne auf die kürzere und längere Sicht. Kurzfristig ist der Detaillierungsgrad größer. Man würde nicht auf fünf Jahre hinaus eine Stücklistenauflösung oder Zerlegung der Arbeitspläne machen, um einzelne Stoffeinkäufe zu klären oder Bezugsgrößenauslastungen der Kostenstellen zu finden. Aber ob man investieren muss, dass sollte sich ergeben aus dem perspektivischen operativen Mehrjahresplan. Und dann muss es auch strategisch gewollt sein.

Als dritte Dimension kommt der **Informations- Hintergrund** der Planung; das fact finding. Analysen und Prognosen bilden die Basis der Annahmen, auf denen die Planung aufbaut oder sind gewissermaßen das **Bühnenbild »dahinter«.**

Daraus entsteht das Modell des Planungswürfels in Abbildung 6/3, wobei die Vektoren **Merkmalsvektoren** sind und keine Betragsvektoren.

Die strategische Planung umfasst, wie schon ausgeführt, **die was-tut/oder-was-lässt-man-Planung**. Zur strategischen Planung gehört auch die Unternehmensentwicklung. Zentrum ist die Frage der **Potenziale oder Fähigkeiten**. Welche Fähigkeiten/

Kernkompetenzen besitzt ein Unternehmen, um der Kundschaft deren Probleme zu lösen – und sind die Fähigkeiten, die man selber hat, größer als jene der Mitbewerber. Dann müsste man die Marktstellung halten oder auch ausbauen können. Also besteht **Problemlösungskompetenz**. Was man tut, sich als Aufgabe auf dem Markt stellt, **muss man auch beherrschen**. Das heißt, dass man **know how und know who** besitzt. Know how ist nicht einfach gewusst wie, sondern gekonnt wie im technischen Sinn der Produkte und know who ist, dass man die Kunden kennt und weiß, welche Anwendungen die Kunden mit den Produkten vorhaben.

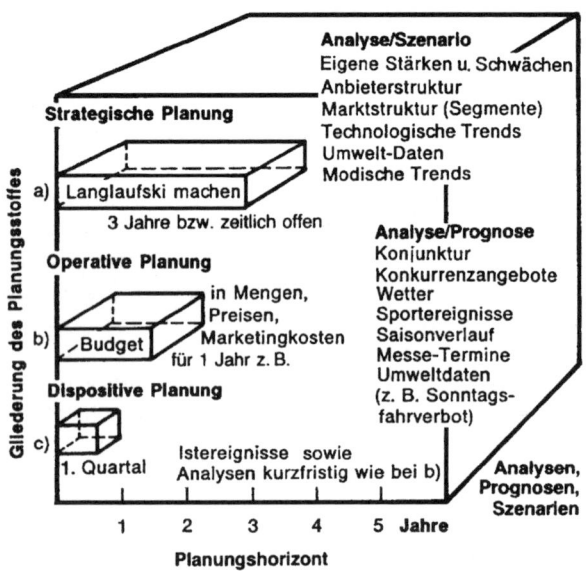

Abb. 6/3: Das Ordnungsmodell des Planungswürfels

Statt strategische Planung, was immer auch etwas militärisch klingt, könnte man auch sagen **Quo-vadis-Planung**. Dieses Wort würde besonders gut zum **WEG-Modell** (Abb. 1/1) passen.

Die operative Planung ist die Wie-realisiert-man-es-Planung. Dazu gehört, wie dargestellt, das Budget- System, die Planungs-rechnung: Was bringt es an Umsatz, welche Kosten sind nötig, und das Wort Maßnahme sagt es schon, dass es in Maßen – also budgetiert – geschehen soll.

Die dispositive Planung ist dann die Wie-reagiert-man-Planung auf Abweichungen. Alles das, was die operative Planung nur in groben Maschen stricken kann, muss die dispositive Planung **steuern dann, wenn es passiert**. Hierzu gehört auch die Kunst des Improvisierens – dies zu können, setzt voraus, dass man gemäß wenn/dann geplant hat. Informationshintergrund der Planung sind die Analysen und Prognosen. Dabei wieder sind auseinander zu halten **konjunkturell/quantitative und strukturell/qualitative** Sachverhalte.

Analyse-Typ / Analyse-Quelle	(qualitative) strukturelle Analysen und Prognosen	(quantitative) konjunkturelle Analysen und Prognosen
interne Unter-suchung: Unter-nehmens-analyse	eigene Stärken und Schwächen bei Produkten und Märkten Ansatzpunkte zum Ausbau im Erfolgs-potential Standortfaktoren Kooperationsfähigkeit Eigentümerverhältnisse (z. B. auch Gruppen-zugehörigkeit) Innovationskraft	Bisherige Absatzver-läufe nach Artikeln, Vertriebswegen und Kundengruppen Lernkurven-Verlauf als Folge größerer Stückzahlen Persönliche Jahres-Rhythmen (z. B. Ferienverteilung) Kennzahlenstatistiken Vorjahresbilanzen
externe Beobach-tung: Umwelt Analyse	Stärken und Schwächen Der Mitarbeiter (Map of Skills) Technologische Trends Arten des Bedarfs (Ziel-Gruppen im Markt) Modische Trends (Verhaltensmuster, sog. Wellen) Versorgungs-Strukturen Rohstoff-Verfügbarkeiten Umweltfaktoren Beherrschende äußere Engpässe (Energie)	Höhe des Bedarfs (Käuferzurückhaltung z. B. aus Unsicherheit) Materialteuerung Lohnteuerung Saisonale Trends Wetterprognosen Bevölkerungswachstum: Zahl der Köpfe Rate Arbeitslosigkeit

Abb. 6/4: Analyse-Inventar

Die »Schubladen« im Planungswürfel

Jedes Planungsthema ließe sich im Planungswürfel – in der Planungskommode – als ein Baustein – oder auch als eine Schublade – visualisieren. Jede solche Schublade ist definiert nach Höhe (Art der Entscheidung), nach Breite (Dauer der Bindung) und nach Tiefe (Entscheidungsbegründung durch Annahmen, Analysen, Prognosen, Szenarien). Dabei müsste an sich eine strategische Schublade rechts offen sein, weil die strategische Planung zeitlich nicht terminiert ist. Um so wichtiger ist es, dass sie praktisch zu im Terminkalender vereinbarten Check-Points überarbeitet wird. Die operative Planung hingegen ist immer **eingerahmt durch eine Fahrplan-Periode** – entweder als ein Jahreswirtschaftsplan oder eben z. B. in der Gestalt der 5-Jahres-Mittelfrist-Planung.

Um das zu veranschaulichen, könnte man ein Gleichnis aus dem Alltag verwenden: »Bei schlechtem Wetter findet die Feier im Saale statt«. Wie lässt sich dieser Sachverhalt in den Planungswürfel bringen. Also: Bei schlechtem Wetter – das ist Gegenstand von Analyse und Prognose. Wird im Saale oder im Garten durchgeführt, gehört in die operative Planung der Maßnahmen. Da die Annahmen zum Wetter nicht ganz sicher sind, müsste man eine operative Alternativ-Planung aufstellen. Schließlich muss man ja, wenn man dann am Tag der Feier weiß, wie das Wetter wirklich ist, schnell schalten können. Und dann darf der Saal nicht schon besetzt sein durch eine andere Veranstaltung. Im Saale oder im Garten ist Maßnahmenplan. Wie viel budgetiert ist je Gast als Verzehr bei der Feier, wäre Planungsrechnung: Also das Pro-Kopf-Budget für die Hardware auf dem Teller und die Software im Glas. Und natürlich was das Drumherum noch kostet wie zum Beispiel Einsatz einer Blaskapelle.

Übrigens, je mehr man die operative Planung gestaltet nach dem Prinzip »Was geschieht, wenn oder wenn nicht…«, desto besser lässt sich dispositiv improvisieren. Deshalb **sind Planung und**

Improvisation keine Gegensätze. Derjenige kann **gekonnt improvisieren, der es auch versteht zu planen.**

Und was ist der **strategische Teil der Feier**? Hier ist die Frage zu stellen, welchem Know-who-Zuwachs die Feier dienen soll. Ist es eine Zusammenkunft unter beruflichen Kollegen, ist es ein Meeting mit Leuten aus der Nachbarschaft, ist es die Familiensippe? Welches Know-who-Potenzial soll das Fest stärken? Und dabei sieht man auch sofort, dass die strategische Planung erheblich abstrakter oder theoretischer ist als die operative Planung. Deshalb spricht man im strategischen Bereich oft auch von den **schwachen Signalen** (den weak signals); während die operative Planung – wie vor allem die Finanz-Planung – die harten Signale gibt.

Strategische Planung im Formular

Die Abbildung 6/5 bringt ein weiteres ausgefülltes Beispiel zur strategischen Planung. Das Formular gleicht im Prinzip jenem der Abbildung 6/1 – ist aber jetzt in der Gestalt gezeigt, wie es sich inzwischen **als Formular – »Klassiker«** herausgebildet hat. Das eingetragene Beispiel schildert eine strategische Planung aus einem echten Beratungsauftrag heraus in der Ski-Industrie, der sich in der Erfahrung von Verfasser Deyhle in der Zeit zwischen 1972 und 1974 zugetragen hat und damals ein echte Novität in der Entscheidungsfindung gewesen ist.

Im Fach Strategien des Formulars der Abbildung 6/5 sind 3 Strategien genannt: Eine **Zielgruppen- und Produktstrategie**; also das Sortiment durch Langlaufski erweitern; ferner eine **Herstell-Strategie**, nämlich das neue Produkt in Eigenfertigung herzustellen und nicht als Handelsware zu beziehen (sonst gibt es keine eigenen Lernprozesse und daraus resultierende Wettbewerbsvorsprünge); sowie eine **organisatorische Strategie** (Produkt-Manager, zusammen mit regionalem Verkaufs-Management, ergeben eine Matrix-Organisation), die sensibler zu führen ist als eine einfache Top-Down-Organisation.

UNTERNEHMEN	SPARTE/REGION/ PRODUKT	Signiert	Fassung vom	STRATEGISCHE PLANUNG
				Speziell Ausland:
1. LEITBILD Aufgabenbeschreibung des Unternehmens	Vom sportlichen Pionier & Partner zum Freizeitanbieter - im Winter Familien-Unternehmen			internationale Vertriebs-Gesellschaften, Nationale Produktion
2. ZIELSETZUNG 5-Jahreszielsetzungen mit Jahreszwischen-zielen	___ ROI/DB II-Verbesserung ___ % Marktanteil Eigenkapitalquote von ___ %			z. B. Marktanteile innerhalb von Ländern
3. STRATEGIEN Wege, auf denen die Ziele zu erreichen sind (Erarbeiten eines Wettbewerbsvorteils)	Langlauf-Ski als Sortimentserweiterung (größere Zielgruppenvielfalt) selber herstellen (weil Pionier als Selbstentwickler) Matrix-Arbeit im Vertrieb			Oasenförmiges Vorgehen erst auf angestammten Märkten
4. PRÄMISSEN Strukturelle Plan-Voraussetzungen als Verhaltensprämissen bei anderen	Mitbewerber X macht es ☐ auch* ☐nicht			*) gewollt für die eigene Strategie, da Erschließen einer neuen Art von Bedarf.
5. MASSNAHMEN In Ausübung der fest-gelegten Strategie erforderlich werdende Maßnahmen	eigene Fertigungsabteilung schaffen (also investieren) Produkt-Management für Langlauf + Alpin einrichten			

Abb. 6/5: Strategisches Formular mit eingetragenem »ewigen« Beispiel

Das Fach Prämisse im Formular macht am Beispiel deutlich, dass es sich hier nicht darum handelt, die Annahmen aus der 3. Dimension des Planungswürfels (vergleiche Abb. 6/3) hier zu protokollieren, sondern die Prämissen sollen **Verhaltensprämissen** bei anderen darstellen, die man zur Entscheidung der eigenen Strategie **haben will**. Diese anderen können sein Mitbewerber (wie im Beispiel) eine Obergesellschaft. **Die Maßnahmen** auf dem strategischen Formular sind zu verstehen als erforderliche Maßnahmen, wenn es die genannten Strategien geben soll. Noch sind sie nicht operativ, weil z.B. vor allem das fehlt, was dann die Abbildung 6/7 bringt; nämlich die Termine und wem die Durchführung anvertraut ist.

Begleitend zum strategischen Formular könnte hilfreich sein als **Meinungsbildungspapier die Quo-vadis-Matrix** der Abbildung 6/6. Hier sind gelistet die Produkte in den Spalten, gegliedert nach **jetzige und neue**. In den Zeilen der Matrix finden sich die Märkte, ebenfalls geordnet nach jetzige und neue. Dabei wären auseinander zu halten Endverbraucher (Skifahrer) und Vertriebswege (Sportartikelhandel). Das Primäre in den Märkten sind die Zielgruppen der Endverbraucher/Anwender.

Produkte Märkte	jetzige	neue
jetzige	Alpines Programm über Sportfachgeschäfte an Sportl.	Langlaufski Wasserski Accessoires als Handelsware / Skidress Skistiefel Fußballschuhe Tennisschläger
neue	Kaufhäuser (Fachabteilung) / Versandhäuser	Produktion v. Sportbekleidung für Bekleidungsgeschäfte / Herstellung von sportl. Schuhen, verkauft über Schuhhäuser

Abb. 6/6: Skalieren in Feldern der strategischen Matrix (Quo-vadis-Matrix oder genannt die Ansoff'sche Matrix)

In diesem Papier kommt jetzt eine Technik zum Ausdruck, die für die Bewältigung der strategischen Planung nötig ist, nämlich das **Skalieren oder Positionieren**. Während es die operative Planung mit dem Messen zu tun hat – man trägt zum Beispiel eine Zahl wie eine Absatzmenge nach Zeile und Spalte in ein Excel Sheet ein –, geht es in der strategischen Planung oft um eine Meinungsbildung auf einer Bandbreite. Hier wird es komischerweise genauer, wenn man es unschärfer formuliert. Also man braucht in der strategischen Planung einen zusätzlichen Arbeitsstil, und zwar das so genannte **sich Heranmeinen im Team**. Die Rolle des Controllers dabei ist nicht das Rechnen oder Zahlen hereintippen, sondern die Moderation einer Gruppe.

Eine der Techniken dafür ist das **Brainwriting**. Das heißt, die Teilnehmer schreiben das, was sie als Ideen haben, auf Karten. Dann kann das jeder tun, ohne durch die Ideen und Meinungen der anderen beeinflusst oder beeinträchtigt zu sein. Als Controller hätte man das Schema der Abb. 6/6 an eine Pinwand zu bringen und dann ginge es darum, die Ideen auf den Karten einzubringen. Hängt man einen Vorschlag näher an das Feld bestehende Produkte/bestehende Märkte, so ist der **Synergie-Effekt** – das zum Bisherigen passend sein – größer. Hängt man es weiter weg, ist ein längerer Lernprozess erforderlich. Hat man dann, wenn man die aufgeschriebene Idee in ihrer Position innerhalb der Matrix anschaut, ein gutes Gefühl.

Eine Vorsichtslinie ist diagonal eingebaut. Überschreitet man sie von links nach rechts im Uhrzeigersinn, so ist man zunehmend außerhalb des Bereiches von Know-how. Ideen zur Verwirklichung neuer Produkte **im rechten unteren Feld der Diversifikation** in der Abbildung 6/6 brauchen am längsten Zeit, bis sie stehen, und kosten im Zweifel auch das größte Lehrgeld. Dort ist auch ein budgetmäßiger Link aus dem strategischen Skalierungs-Schema heraus.

Hätte man nämlich, so lautet die große Frage, merken können durch gutes Heranmeinen im Team und durch ein sich nicht sel-

	Planung	Unternehmen/Sparte *Langlauf*		Fassung vom:............. Gezeichnet:			Maßnahmen-/Aktionsplan		
Lfd. Nr.	Bezeichnung der Maßnahme/Aktion	Zweck der Aktion	Wer mit wem	Termine		Ergebnisverbesserung €		Erforderl. Personal Pers./Monat	Erforderl. Investit. Mio. €
				Beginn	Ende	20__	20__		
1)	Engagieren Produkt-Manager	Produkttypische Betreuung in Verkauf, Produktion, Logistik	Pers.-Chef	01.07.	01.04.			3	–
2)	Spezielle Fertigungsabteilung einrichten	Know-how-Zuwachs, rationelle Fertigung, Lernkurve	Prod.-Chef	01.07.	30.06.	+ 1,6 Mio.		10	4 Mio.
3)	Trainieren Außendienst im neuen Sortiment	Sprachfähigkeit verbessern; Verhindern, daß Verkäufer den LL nicht annehmen	Verkaufs-chef mit GVL	01.10.	30.06.			–	–

Abb. 6/7: Operative Maßnahmenliste – »ewiges« Beispiel

ber Täuschen, dass man mit einem neuen Produkt- oder Markt-
konzept sich zu weit von dem Trampelpfad entfernt, der einem
schon zusteht – oder vom Markt als erwartet abgenommen wird.
Würde man sich auch bei solch schwächeren Signalen realistisch
verständigen können, so wären manche Projekte mit roten Zahlen zu vermeiden. Andererseits: Traut man sich es zu und ist
man entschlossen, den neuen Weg zu gehen, so muss man eben
die Lehrgeldzone durchstehen und finanzieren können.

Deshalb sind auch strategische und operative Planungen nicht
völlig getrennte Kapitel, sondern bedingen sich jeweils gegenseitig. Auch lässt sich in das Formular der Abbildung 6/5 die
Ergebnisverbesserung erst dann einsetzen, wenn die Ergebnisplanung – etwa im Rahmen des Budgets der stufenweisen Deckungsbeiträge – aufgestellt ist.

Das operative Maßnahmenpapier

Abbildung 6/7 zeigt einen Vorschlag für ein **Maßnahmenfor-
mular**. Die Aktion ist genannt; der strategische Zweck, der sich
aus Abbildung 6/5 ergibt, ist erwähnt. Operativ ist vor allem der
Termin. Man wird halt bei Terminen fleißig. Und operativ wird es
durch die Klärung, wer es nun realisieren soll. Dann rutscht das
Papier hinüber in die budgetmäßige Seite. Welche Ergebnisver-
änderung bringt die Maßnahme mit sich? Und wie ist das Projekt
zu finanzieren? Also welche Bewegung in der Mittelbindung bei
Anlage- und Umlaufvermögen ist ausgelöst? Wieder ergibt sich
aus der Ergebnisplanung, welcher zusätzliche Deckungsbeitrag
– zusammen mit den Abschreibungen welcher zusätzliche Cash-
flow – durch das Projekt zur Finanzierung beigesteuert wird.

Empfohlen ist, in einer Maßnahmeliste mit Verben zu formulieren. Das erhöht den Charakter des Machens. Also nicht eintragen
zum Beispiel »mehr Werbung«, sondern hinschreiben »schalten
einer zusätzlichen Anzeige«. Das kann man gar nicht schreiben,
ohne gleichzeitig zu sagen in welcher Zeitung, an welcher Stelle

platziert und zu welchem Termin das geschehen soll und was die Anzeige kosten darf.

Operative Mehrjahresplanung und Jahres-Auftragseingangsplan

Ausdrücklich sei nochmals hervorgehoben, dass – wie in Abbildung 6/2 zu sehen – die operative Mehrjahres-Ergebnisplanung vor der Planung der eigenen Absatzmengen erst noch ein Vorsatzstück haben muss im Sinne von gesamtem Markt-Volumen und eigener Marktanteil. Hat man nämlich für sich selber einen Absatzplan auf die kommenden Jahre aufgestellt, der Zuwachsraten hat, dann könnte das zu leicht eine Art Hockeyschlägerplan oder Stierhornplan werden. Im 5. Jahr geht es optimistisch nach oben – bloß jetzt grad geht´s nicht. Und dann rückt rollend dieses Stierhorn immer ein Stück weiter. Also wäre doch zu fragen und zu erkunden, ob nun das **Marktvolumen insgesamt auch zunimmt**; oder ob der Mehrabsatz ausschließlich aus einer **Erhöhung des eigenen Marktanteils** kommen soll. Dies wäre nur plausibel, wenn **das eigene Potenzial größer** ist als jenes der Wettbewerbskollegen – vergleiche Potenzialprofil in Abbildung 5/5.

»Beyond-Budgeting«

Dies ist eines der Modewörter zum Anfang des neuen Jahrhunderts. Die Freude war oft groß: Aha es geht jetzt ohne Budgets. Aber Beyond heißt nicht without, sondern **jenseits** des Budgets. Das unterstellt doch, dass es ein Budget gibt. Nur die sklavische Bindung des Managements an bestimmte Umsatzbeträge oder Kostenbeträge als Zielvereinbarung mit den Aufsichtsorganen zum Beispiel, soll gelockert werden und **das lokale Management mehr Freiraum kriegen.** Zum Beispiel dass eben auch neue Beschlüsse gefasst werden können, die außerhalb des Budgets liegen während des Geschäftsjahres. Nur müssen **deren Folgen bis Ende Jahr** auch angekündigt werden. Schon immer gehörte zu einem guten Controllingprozess neben dem Budget mit Gegenüberstellung des aufgelaufenen Ist vor allem die **Er- wartungsrechnung**, der **Rolling Forecast**, die Mitteilung eines Expected Actual To Year End. Also dieses »Year To Go« oder »Reste à faire«.

Vgl. zu diesem Thema im Sinne von »Better budeting« das Finale des folgenden 7. Kapitels.

Bausteine im System der operativen Planung

Managementerfolgsrechnung (MER) als Kernstück der operativen Planung

Im Mittelpunkt der operativen Planung steht die in Abbildung 7/1 dargestellte Managementerfolgsrechnung. Sie repräsentiert das System, innerhalb dessen sich die operative Planung für das nächste Geschäftsjahr konkret niederschlägt. Insofern spricht man hier gelegentlich auch vom Budgetsystem oder auch von der Planungsrechnung. Häufig wird ja operative Planung und Planungsrechnung gleichgesetzt. Gemäß den Ausführungen im 6. Kapitel bleibt jedoch zu beachten, dass eine in sich stimmige Planungsrechnung auf einem Fundament geplanter Maßnahmen aufsetzt. Das Budget als abstrakte Form des Plans für das nächste Geschäftsjahr ist nichts anderes als die in Zahlen gegossenen Maßnahmen. Die Bezeichnung Activity Based Budget meint im weiteren Sinne des Wortes dasselbe!

Das System der Managementerfolgsrechnung dient dem Management zur Gewinnplanung und -steuerung. Es geht also um eine transparente Darstellung des Erfolgs des Managements in einer übersichtlichen Rechnung. Deshalb die Begrifflichkeit Managementerfolgsrechnung. Die Bezeichnung dient auch einer klaren Unterscheidung zur Gewinn- und Verlustrechnung als Form der externen Rechnungslegung. Während letztere der Dokumentation des entstandenen Gewinns im Rahmen der entsprechenden Rechnungslegungsvorschriften dient, ist die Managementerfolgsrechnung das Steuerungscockpit des Managements.

VERKAUFSERFOLGSRECHNUNG (Artikel, Kunden, Regionen)	Sparte 1	Sparte 2	Sparte 3	Summe
Verkaufte Einheiten (Fakturierung)	X	X	X	X
Erlöse zu Rechnungspreisen	X	X	X	X
- Standard-Erlösschmälerungen	X	X	X	X
= Netto-Erlöse	X	X	X	X
- Standard-Produktkosten des Umsatzes/ nachkalkulierte Produktkosten d. Umsatzes	X	X	X	X
= Deckungsbeiträge I	X	X	X	X
Strategie-Kennzahlen:				
Durchschnittlicher Erlös je Einheit	x	x	x	x
Deckungsbeitrag I je Einheit	x	x	x	x
DBU = Deckungsbeitrag in % v. Umsatz	x	x	x	x
Deckungsbeitrag I je Engpasseinheit	x	x	x	x
- Artikel (-gruppen) -direkte Strukturkosten für Promotion	X	X	X	X
= Deckungsbeitrag II	X	X	X	X
- Sparten-/PC-direkte Strukturkosten	X	X	X	X
= Deckungsbeitrag III	X	X	X	X
- Allgemeine Strukturkosten				X
- ROI-Ziel				X
= Managementerfolg (vor Abweichungen)				X

ABWEICHUNGSANALYSE bei den Kosten (Abweichungs-»Klärbecken«)	Sparte1,... Verkauf	Zentral- bereich1,... Betrieb	bzw. Eink.,...	
+ / - Abweichungen Ist/Standard-Erlösschmälerungen	X			X
+ / - (Verbrauchs-) Abweichungen der Kostenstellen	X	X	X	X
+ / - Materialmengen-Abweichung		X		X
+ / - Materialpreis-Abweichung			X	X
= MANAGEMENT-ERFOLG nach Abweichungen	X	X	X	X

ABSTIMMBRÜCKE zum Bilanzergebnis

+ / - Strukturkosten in:	
– Bestandsveränderung Halb- und Fertigerzeugnisse	X
– aktivierten Eigenleistungen	X
+ / - Bewertungsabweichungen	X
+ / - Differenz zw. bilanzieller u. kalkulatorischer Abschreibung	X
+ / - Zins- u. Ertragsteueraufwand gegenüber ROI-Ziel	X
+ / - Ist/Kalk. verrechnete Sozialkosten	X
+ / - Zeitliche Abgrenzungen	X
+ / - Außerordentliche Erlöse und Kosten	X
+ / - Verrechnungsabweichungen	X
= Bilanz-Erfolg	X

Abb. 7/1: System der Managementerfolgsrechnung

Wie in einer Art Kommandopult sind hier sämtliche Informationen gebündelt, die das Management benötigt, um das angestrebte Gewinnziel zu erreichen. Insofern enthält ein solches Managementinformationssystem entscheidungsrelevante Daten über den Zusammenhang von Umsatz, Kosten und Gewinn. Demzufolge enthält das System der Managementerfolgsrechnung Plan-Zahlen, Ist-Zahlen und Vorschau-Zahlen.

Die Managementerfolgsrechnung besteht aus drei Komponenten:

1. Die Verkaufserfolgsrechnung, die von der Fakturierung aus zusammengestellt wird.
2. Die Abweichungsanalyse, die aus den in der Verkaufserfolgsrechnung teilweise als Standard- bzw. Planwerten auftretenden Informationen ein Ist-Resultat formt.
3. Die Abstimmbrücke, die den Managementerfolg (des internen Rechnungswesens) in den Bilanzerfolg (des externen Rechnungswesens) überleitet.

1. Verkaufserfolgsrechnung

Die Verkaufserfolgsrechnung ist wie jeder gute Managementbericht durch eine Zeilen- und Spaltenlogik geprägt. Der Nachteil einer Buchdarstellung auf einer Seite besteht in der fehlenden Flexibilität. Diese ist ja gerade typisch für Managementinformationssysteme, insbesondere wenn sie z.B. in Form eines Business oder Data Warehouse die Vielschichtigkeit der Information abbilden.

So repräsentieren die Spalten die Produkte/Artikel des Unternehmens zusammengefasst zu Produktgruppen oder Sparten. Das dürfte die dominierende Sicht sein. Denkbar wäre aber auch, dass sich hinter den Spalten Kunden bzw. Kundengruppen verbergen. Das könnte z.B. für ein Beratungsunternehmen sinnvoll sein, wenn es die verkauften Beratertage und die fakturierten Umsätze nach Branchen darstellt. So könnten die Spalten Industrie, Finanzdienstleister, öffentliche Unternehmen lauten. Auch eine regionale Sortierung der Spalten wäre möglich. Die

Verkaufserfolgsrechnung könnte sich zu einer Ländererfolgs-
rechnung ausweiten.

Die komprimierte Darstellung kann auch nicht zeigen, dass sich
hinter einer Spalte mehrere Spalten mit den unterschiedlichsten
Zahlentypen verbergen können.

	Ist des Vorjahres	Jahres-Plan	Ist des aktuellen Monats	Kumuliertes Ist	Erwartung	Vorschau	Abweichung Plan/Vorschau
Verkaufte Einheiten							
Erlöse							
.							
.							
.							

Abb. 7/2: Die Dimension Zeit in der Managementerfolgsrechnung

So kann das Management sich fallweise für die Vorjahreszahlen
interessieren. Planzahlen des gesamten Jahres, des betreffenden
Monats, kumuliert bis zum jeweiligen Monat, sind neben die betreffenden Ist-Zahlen zu stellen. Abweichungsspalten sind vielleicht auch gewünscht. Erwartungs- und Vorschauzahlen sind
ebenso fällig, wie eine entsprechende Darstellung der angekün-
digten Abweichung, d.h. der Differenz zwischen dem voraus-
sichtlichen Ist und Plan.

Die Verkaufserfolgsrechnung nimmt ihren Anfang beim – logi-
scherweise – Verkaufserfolg der Produkte. Die erste Zeile enthält
somit die abgesetzten Mengen, die verkauften Einheiten in Ton-

nen, Hektoliter, Stück usw.. Als nächstes folgen die fakturierten Umsätze. In der Abbildung steht hier jetzt eine Spartengesamtzahl (x entspricht einer Zahl!) Nötig sind natürlich für das Vertriebs-Controlling die detaillierten Angaben über Umsätze, Produktkosten und Deckungsbeiträge für jeden einzelnen Artikel. Gegebenenfalls gibt es ein vorgelagertes Vertriebsinformationssystem, aus dem die Daten für die Managementerfolgsrechnung »gezogen« werden.

Die Erlösschmälerungen sind im Beispiel als Standardsätze angegeben. Dies könnte einmal deshalb geboten sein, um individuelle Einflüsse der Verkäufer vor Ort bei der Artikelbeurteilung zu isolieren. Zudem müssen bestimmte Erlösschmälerungstypen wie z.B. Boni und Rückvergütungen zuerst mit Standardwerten angesetzt werden, weil sie erst am Ende des Jahres effektiv verbucht werden können. Damit dies funktioniert, müssen im Artikelstammsatz die entsprechenden Standard-Prozentsätze hinterlegt sein. Die erste Position in der Abweichungsanalyse weist für den Verkauf die Differenz zwischen standardisierten und effektiv verbuchten Erlösschmälerungen aus.

Von den Netto-Erlösen abgezogen sind die Standard-Produktkosten der abgesetzten Einheiten. Bei seriellen Erzeugnissen oder vergleichbaren Dienstleistungen werden über die Standard-Kalkulation im Artikelstammsatz die Produktkosten je Einheit (= Grenzherstellkosten) hinterlegt. Die Multiplikation mit der abgesetzten Menge ergibt dann die Produktkosten des Absatzes in der jeweiligen Periode. Zu beachten ist, dass die Managementerfolgsrechnung als »Umsatzkostenverfahren« konzipiert ist. Diese Logik gewinnt zunehmend auch in der externen Rechnungslegung durch das Voranschreiten der International Financial Reporting Standards (IFRS) an Bedeutung (siehe folgender Abschnitt: »Umsatzkostenverfahren«).

Ein Unternehmen mit Einzelfertigung oder Dienstleistungsprojektgeschäft könnte bei einer auftragsweise mitlaufenden Nachkalkulation die nachkalkulierten Produktkosten des Umsatzes in dieser Zeile ausweisen.

Als nächstes erscheinen als Summenzeile (große »X« in der Abbildung) die Deckungsbeiträge I. Zur Artikelbeurteilung sind jedoch nicht die Periodenwerte, sondern die Einheitswerte, also Deckungsbeitrag I pro Stück, Deckungsbeitrag I pro Umsatz oder Deckungsbeitrag I pro Kapazitätsstunde heranzuziehen (kleine »x« in der Abbildung).

Hat das Schema der Verkaufserfolgsrechnung die Funktion der Planung von Umatz, Kosten und Gewinn, so lassen sich die einheitsbezogenen Strategiezahlen aus den Budgetzahlen des Jahres rekonstruieren (Deckungsbeitragsbudget pro Jahr dividiert durch Planabsatz in Einheiten pro Jahr ergibt Plandeckungsbeitrag pro Einheit, der auch der Standardkalkulation des Artikels entspricht). Hat die Liste hingegen die Funktion der Ist-Abrechnung eines Monats, Quartals oder Jahres, so weichen die mit der Jahresplanung verknüpften Strategiedaten von den Resultaten des abgerechneten Zeitraums ab. Das entspricht der Konzeption, die operative Planung, aus der die Strategiedaten mit der Standardkalkulation hervorgehen, während des Jahres nicht zu ändern. Das Verkaufsmanagement muss die Informationen während des Budgetjahres aus der konstant gehaltenen Prioritätenliste konsultieren, um seine Deckungsbeitragsresultate in der dispositiven Planung auf dem Budgetkurs zu halten.

Die Darstellung in Abbildung 7/3 zeigt das Beispiel einer solchen Prioritätenliste. Sie stellt abrechnungstechnisch einen Auszug der wesentlichen Daten aus der Standardkalkulation dar. Am verstärkt gezeichneten Trennstrich teilen sich die Strategie-Informationen. Oberhalb dieser Grenze bilden die Deckungsbeitragswerte die Grundlage für die **Sortimentspriorität**; unterhalb der Grenze mit den etappenweise auf die Produktkosten aufgestockten Ziel-Deckungsbeiträgen eine Unterlage für die **Verkaufspreis-Realisierung**. Die Angaben entsprechen den Problemen in einer pharmazeutischen Unternehmung. Zur Artikelbezeichnung gehören auch Angaben über die Darreichungsformen und Packungsgrößen. Wegen dieses Sachverhalts wird im Interesse von Steuerungsdaten im dritten Zeilenblock der Abbildung 7/3 für eine differenzierte Sales-Mix-Politik der Deckungsbeitrag je Verkaufseinheit (VE = Verkaufseinheit) zum Deckungsbeitrag je Tagesdosis (TD) oder je Wirkstoffeinheit umgerechnet. Dies ist nach der bewährten medizinischen Regel »3 x täglich« erfolgt (eine Ampulle von Alpha entspricht einer Tagesration).

Artikel-Nr.	Artikel-Bezeichnung	Darreichungs-form	Packungs-größe
1211	GAMMA	Tabletten	20
1231	ALPHA	Tabletten	20
1232	ALPHA	Tabletten	10
1235	ALPHA	Ampullen	3

Artikel-Nr.	Listenpreis je VE	Erlösschmälerungen in %	Netto-Erlös je VE	Produktkosten je VE
1211	40,00	30	28,00	21,00
1231	24,00	30	16,80	10,00
1232	14,00	30	9,80	6,30
1235	15,00	33	10,05	6,00

Artikel-Nr.	Deckungsbeitrg. je VE	DBU (% v. NE)	Tagesdosen je VE	Deckungsbeitr. je TD	Deckungsbeitr. je Kap.-Std.
1211	7,00	25%	6,6	1,06	
1231	6,80	40%	6,6	1,03	
1232	3,50	36%	3,3	1,06	
1235	4,05	40%	3,0	1,35	

Artikel-Nr.	Mindest-deckung direkte Struktur-kosten	Zwischen-ziel je VE	Restliches Deckungsziel je VE für allg. Strukturkosten	Gesamtes Kosten-deckungs-Ziel je VE	Standard-Ergebnis je VE	Ziel-DB ROI-Ziel	Manage-ment-Erfolg
1211	4,00	25,00	3,00	28,00	0,00	0,00	0,00
1231	3,00	13,00	2,00	15,00	1,80	1,80	0,00
1232	1,70	8,00	1,50	9,50	0,30	0,30	0,00
1235	2,00	8,00	1,00	9,00	1,05	1,05	0,00

Abb.7/3: Prioritätenliste

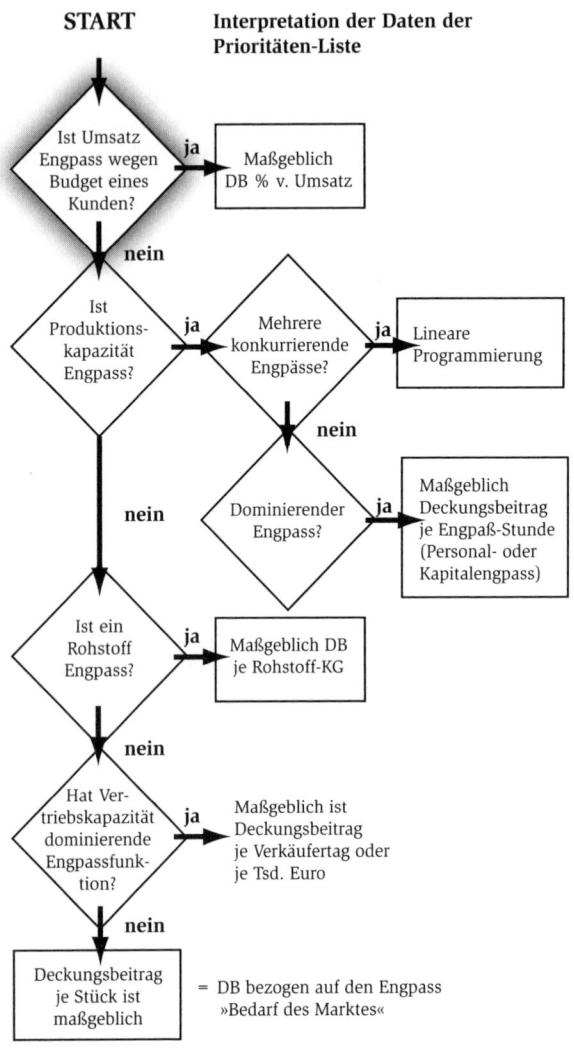

START   **Interpretation der Daten der Prioritäten-Liste**

Ist Umsatz Engpass wegen Budget eines Kunden? — **ja** → Maßgeblich DB % v. Umsatz

nein

Ist Produktionskapazität Engpass? — **ja** → Mehrere konkurrierende Engpässe? — **ja** → Lineare Programmierung

nein

Dominierender Engpass? — **ja** → Maßgeblich Deckungsbeitrag je Engpaß-Stunde (Personal- oder Kapitalengpass)

nein

Ist ein Rohstoff Engpass? — **ja** → Maßgeblich DB je Rohstoff-KG

nein

Hat Vertriebskapazität dominierende Engpassfunktion? — **ja** → Maßgeblich ist Deckungsbeitrag je Verkäufertag oder je Tsd. Euro

nein

Deckungsbeitrag je Stück ist maßgeblich = DB bezogen auf den Engpass »Bedarf des Marktes«

Abb. 7/4: Entscheidungsschema zur Artikelpriorität im Verkauf

Da die Deckungsbeiträge je nach Situation in einer anderen Bezugsbasis bei der Planung und Steuerung der Verkaufsstrategie angewendet werden müssen, empfiehlt sich für den Einsatz der Daten der Prioritätenliste noch das folgende **Entscheidungsschema**. Es ist in der Art eines Flussdiagramms mit Ja-/Nein-Entscheidungen aufgebaut und soll zur Auswahl der passenden Deckungsbeitrags-Kennzahl anleiten (siehe Abbildung 7/4).

Unterhalb der Deckungsbeitrags-Strategiekennzahlen sind in der Verkaufserfolgsrechnung der Abbildung 7/1 zunächst die artikeldirekten Strukturkosten für Promotion als ein Budget je Abrechnungszeitraum eingesetzt. Je nach Spaltensortierung z.B. als Kundengruppe oder Vertriebskanal wären hier Promotion-Einzelkosten je Kundengruppe oder Vertriebskanal anzusetzen. Der dabei sich ergebende Deckungsbeitrag II weist den Erfolg der Werbe- und Vertriebsstrategie aus. Die Deckungsbeiträge bilden die Grundlage zur Beurteilung des Promotionserfolgs bzw. des Produktmanagers, Kundengruppenmanagers etc. (siehe dazu 4. Kapitel).

Unterhalb des Deckungsbeitrags II ist – auch in der Ist-Abrechnung – das Budget der sparten(Profit Center)–direkten Strukturkosten für Vertrieb, Produktion und Verwaltung angesetzt. Der Deckungsbeitrag III dient – wie im 4. Kapitel erläutert – zur Beurteilung des Spartenchefs (Profit Center Leiters). Zur Beurteilung ist allerdings die Abweichung der Ist-Kosten von den Budgets auf den Kostenstellen noch einzubeziehen.

Zuletzt finden sich in der Summenspalte der Abb. 7/1 das Overhead-Budget, also die allgemeinen Strukturkosten des Unternehmens. Wie schon an früherer Stelle dargelegt, tauchen sie im System der Managementerfolgsrechnung nicht als frustrierende Umlagen in der Spartenrechnung auf, sondern sind durch die Summe der Spartendeckungsbeiträge III zu decken. Das gilt auch für das ROI (EBIT)-Ziel, das auf der Grundlage eines Top Down ermittelten Prozentsatzes hier als Euro-Budget ausgewiesen ist.

Die Verkaufserfolgsrechnung endet mit dem Managementerfolg. Im Falle der Planung und einer im Konsens erfolgten ROI-Zielvereinbarung müsste hier die »0« stehen. Vorausgesetzt die Bottom Up und Top Down-Planung stimmen überein (siehe dazu die Philosophie der Null im 2. Kapitel). In der Ist-Abrechnung erhalten wir den Managementerfolg vor Abweichungen, der größer oder kleiner Null sein kann.

Managementerfolg ist also nicht gleichzusetzen mit Gewinn. Denn im Managementerfolg steckt ein anzustrebender Gewinn (oder auch zu deckende Kapitalkosten). Das Rechnungswesen des Controllers weist den Gewinn aus, der entstehen hätte sollen (der geplant bzw. budgetiert war). Die Bilanz zeigt den effektiv entstandenen Gewinn.

2. Abweichungsanalyse

Die Abweichungen gegenüber den Budgets und Standards werden behandelt, als seien sie Korrekturen der Strukturkosten. Stellen sich günstige Abweichungen heraus (Unterschreitungen der geplanten Kosten), so erleichtern sie das verlangte Deckungsziel. Ungünstige Abweichungen wirken so, als hätte sich das Deckungsziel und damit der Anspruch an hereinzuholende Deckungsbeiträge erhöht.

Die Abweichungen werden Ressort bezogen ausgewiesen, weil es Manager sind, die sich aufgrund der Abweichungen (»Exceptions«) um Steuerungsmaßnahmen (dispositive Planung) bemühen sollen. Hinter jeder zusammen gebündelten Abweichungsinformation des Systems der Managementerfolgsrechnung stehen einzelne Plan-/Ist-Bausteine, die es erlauben, einer Abweichung bis ins Detail der Leistungs- und Kostenstellen zu folgen. Diese Vorgänge werden im 9. Kapitel von Band II im Einzelnen erläutert.

Der Managementerfolg nach Abweichungen bildet die zentrale Berichtsgröße des Controller-Bereichs (vgl. die Beispiele im

Band II, 10. Kapitel). Hier strömen die Einflussgrößen zusammen, die ein Aktionsprogramm zur Gewinnverbesserung anzeigen. Deshalb wurde diese Information auch »Management«erfolg genannt. Nicht nur, weil es alle Bereiche des Management sind, die ihn zustande gebracht haben; auch weil hier das Management unmittelbar den Einstieg in Verbesserungen finden kann. Der Bilanzerfolg hingegen kommt auch durch nationale oder internationale Rechnungslegungsvorschriften zustande, die nichts darüber aussagen, was der Verkaufs-, Produktions- oder Einkaufsmanager tun kann, um die Gewinnsituation zu verbessern.

Im Stadium der Planung ist die Abweichungsanalyse mit ihrem Signalsystem allerdings auf Null gestellt. Hier gibt es keinen Unterschied zwischen dem Managementerfolg vor Abweichungen und jenem nach Abweichungen. Beide Größen sind gleich Null, wenn Kapitalertragsziel und Planung in Einklang sind. Null heißt: Die Planung hat die Zielsetzung gerade erfüllt.

3. Abstimmbrücke

Die Positionen der Abstimmbrücke in Abb. 7/1 erläutern die Überleitung des Managementerfolgs (internes Rechnungswesen) in den Bilanzerfolg (externes Rechnungswesen). Die Akzeptanz des Managementerfolgs als interne Steuerungsgröße hängt ganz maßgeblich von der Transparenz der Abstimmbrücke ab. Die in jüngerer Zeit zu beobachtenden Harmonisierungsbestrebungen von internem und externem Rechnungswesen zielen auf eine möglichst große Nähe dieser beiden Erfolgsgrößen ab, womit sich der Umfang der Abstimmbrücke deutlich reduzieren würde. Im Extremfall gibt es nur noch eine EBIT-Größe. Internes und externes Rechnungswesen verschmelzen zum Einkreissystem.

Typisch für die Unterschiede in den beiden Informationssystemen ist die erste Position der Abstimmbrücke. In den Managementerfolg gehen positiv die Umsatzerlöse der verkauften Einheiten ein. Davon abgezogen wurden die Produktkosten der verkauften Einheiten sowie der Block an Strukturkosten der Periode inklusive der Abweichungen. In der Bilanz hingegen werden die Bestandsveränderungen an Halb- und Fertigerzeugnissen sowie die aktivierten Eigenleistungen zu Herstellungskosten bewertet. In der Gewinn- und Verlustrechnung nach dem Gesamtkostenverfahren ist im Falle eines Bestandsaufbaus diese Erhöhung einer Vermögensposition als Betriebsleistung durch die entsprechende Ertragsposition auszuweisen. Eine solche Ertragsposition kennt die Managementerfolgsrechnung nicht! Hier wird nur das als »Ertrag« gewertet, was auch tatsächlich verkauft wird. Bei einer Bestandsminderung verhält es sich umgekehrt.

In der Bewertung zu Herstellungskosten gehen die Produkt- und die anteiligen Strukturkosten mit ein. Produktkosten der Bestandsveränderung zeigt die Managementerfolgsrechnung nicht. Sie zeigt die Deckungsbeiträge der verkauften Einheiten. Demzufolge sind auch richtigerweise die betreffenden Produktkosten in Abzug gebracht. Im Vergleich zwischen Management- und Bilanzerfolg bleiben also die aktivierten Strukturkosten als Mehrposition im Ertrag stehen. Über die Bilanz werden die Strukturkosten des Budgetzeitraums in die nächste Periode transferiert.

Der Controller berichtet demnach so wie es den geschäftlichen Verhältnissen entspricht. Die Strukturkosten in Form von Gehältern, Mieten, Abschreibungen sind »period costs«, in diesem Zeitraum tatsächlich anfallende Kosten. Sie müssen durch die Deckungsbeiträge, die in dieser Periode erwirtschaftet werden, gedeckt werden. Deckungsbeiträge als Erlösüberschüsse entstehen aber nur, wenn verkauft wird. Sie entstehen nicht dadurch, dass das Lager erhöht wird. Der Fiskus sieht das anders. Grundlage für die »Erfolgsbeurteilung« ist nicht der Verkauf, sondern die betriebliche Leistung. Somit werden in der Bilanz anteilige (aktivierte) Strukturkosten als Teil des Bilanzerfolgs ausgewiesen, obwohl nicht verkauft wird.

So lässt sich im immer wiederkehrenden Auf und Ab der Konjunktur beobachten, dass der Bilanzerfolg eine zeitliche Verzögerung gegenüber dem Managementerfolg zu verzeichnen hat. Denn bei Rückgang der Nachfrage und des Absatzes füllen sich die Lager, weil die Produktion nicht sofort die Mengen zurückfährt. Der Rückgang des Bilanzerfolgs wird im Vergleich zur Abnahme des Managementerfolgs durch die Erträge aus der Bestandserhöhung gedämpft. Erweisen sich die Produkte dann noch als unverkäuflich (siehe Halbleiterindustrie) führt in der folgenden Periode die außerordentliche Bestandsabwertung häufig zu gravierenden Ertragseinbrüchen. Man könnte auch sagen, der Managementerfolg hat eine Art Frühwarnfunktion für das Unternehmensergebnis. Er zeigt die Veränderungen des Markts direkter und schonungsloser.

Auch bei langfristiger Einzelfertigung würden wir als Controller die vollen Strukturkosten eines Zeitraums als Deckungsziel bis zum Managementerfolg ausweisen. Das würden wir auch tun, wenn als Folge bei einer Sparte zuerst nur Strukturkosten und keinerlei Deckungsbeiträge stehen sollten. Wenn erst am Ende ein hoher Deckungsbeitrag realisiert wird, dann entspricht das schließlich der Natur des Geschäfts. Die Aktivierung zu Herstellungskosten erfolgt, um eine geleistete Wertschöpfung auszudrücken und sollte Angelegenheit der Bilanz bleiben. **Der Managementerfolg ist ereignisorientiert, der Bilanzerfolg periodenorientiert.** Um Periodenvergleiche zu ermöglichen, ist eine zeitliche Bereinigung geboten. Das gilt auch für andere zeitliche Abgrenzungen der Finanzbuchhaltung, die nur mit dem zeitgerechten Ausweis von Gewinnen zusammen hängen und nicht damit, wie mehr Gewinn erzielt werden könnte.

Vor dem Hintergrund der zunehmenden **Verbreitung der International Financial Reporting Standards (IFRS)** gewinnt die Behandlung langfristiger Fertigungsaufträge an zusätzlicher Brisanz. Gemäß Statement IAS 11 (bei langfristigen Dienstleistungsgeschäften IAS 18) sind im Sinne der fair value presentation nicht nur die Herstellungskosten zu aktivieren, sondern auf der Grundlage des ermittelten Fertigstellungsgrads der entsprechende Teilgewinn zu realisieren. Dem Projekt-Controlling kommt hier eine Schlüsselrolle zu. Denn folgt man der Empfehlung, die Teilgewinne gemäß dem Kostenanfall auszuweisen (cost-to-cost-Methode), besteht bei nicht planmäßigem Kostenanfall die Gefahr eines falschen Gewinnausweises, der bei Projektabschluss korrigiert werden muss. Bei funktionierendem Projekt-Controlling kann auf der Grundlage realisierter Meilensteine ein den tatsächlichen Verhältnissen entsprechender Projektfortschritt **(percentage of completion = POC-Methode)** festgestellt werden (cost to completion). So wäre frühzeitig zu erkennen, ob ein Projekt noch Gewinn verspricht und dann auch dem Fortschritt entsprechend in Teilen zu realisieren ist. So oder so dürfte diese Abstimmposition bei Anwendung der IFRS einen größeren Differenzbetrag ausweisen.

Eine weitere viel diskutierte Position ist die Differenz zwischen **kalkulatorischen und bilanziellen Abschreibungen**. Im Zuge der Harmonisierung des Rechnungswesens verzichten immer mehr Unternehmen auf kalkulatorische Abschreibungen und übernehmen die bilanziellen Abschreibungen in die betriebswirtschaftliche Rechnung. Das wird beim Anwenden der IFRS noch dadurch gefördert, dass sich die Abschreibungen näher an der wirtschaftlichen Realität befinden als dies beim HGB der Fall sein mag.

Dennoch möchten wir an dieser Stelle die unterschiedliche Philosophie von Abschreibungen in der betriebswirtschaftlichen Rechnung einerseits und in der externen Rechnung andererseits deutlich machen. In der externen Rechnung dokumentieren die Abschreibungen den Werteverzehr einer Investition über den Zeitverlauf in Form des entsprechenden Aufwands. In der Kalkulation hingegen sind Abschreibungen zu interpretieren als Reserven für künftig zu tätigende Investitionen. Wenn es also bei kalkulatorischen Abschreibungen auch darum geht, die künftige Wettbewerbsfähigkeit des Unternehmens zu erhalten, so dürfte der Ansatz anders (im Regelfall höher) zu wählen sein als bei

Abschreibungen der externen Rechnung. Diese zielen ja primär darauf ab, die Anschaffungskosten einer Investition über einen Zeitraum zu verteilen.

Hier wird gerne angeführt, dass solche Zielsetzungen innerhalb einer wertorientierten Unternehmensführung über eine entsprechend hohe Kapitalkostenhürde realisiert werden könnten. Das würde dann jedoch zu entsprechend höheren EBIT-Ansprüchen führen. Diese sind allerdings gerade in der Außendarstellung – z.B. auch in Verhandlungen mit Kunden (open-book-Kalkulation in der Automobilindustrie) – schwierig zu begründen. Auch in dieser Hinsicht ist hier der Managementerfolg das konservative Ergebnis mit Frühwarncharakter.

Managementerfolgsrechnung und Umsatzkostenverfahren

Die Überlegungen zur Abstimmbrücke sind vor allem dadurch geprägt, eine möglichst plausible Überleitung vom Management-erfolg in den Bilanzerfolg zu ermöglichen. Dies ist vor allem an-lässlich des Jahresabschlusses und der jährlich stattfindenden operativen Planung erforderlich. Doch die Zeiten der externen Rechnungslegung haben sich insbesondere für kapitalmarktori-entierte Unternehmen grundlegend geändert. Seit dem Jahr 2005 sind für diese Unternehmen die International Financial Repor-ting Standards (IFRS) für den Konzerabschluss verpflichtend. Quartalsabschlüsse sind für börsennotierte Unternehmen ohne-hin Pflicht. So besteht eine zunehmende Tendenz, externe und interne Erfolgsgrößen möglichst parallel zu berichten.

Die IFRS – wie auch die Vorschriften des HGB – sehen für die Gliederung der Gewinn- und Verlustrechnung ein Wahlrecht hin-sichtlich Gesamtkosten- oder Umsatzkostenprinzip vor. In den international geprägten Abschlüssen dominiert jedoch das Um-satzkostenverfahren.

Umsatzerlöse
- Herstellungskosten der verkauften Produkte
= Bruttoergebnis vom Umsatz
- Vertriebskosten
- Verwaltungskosten
(- Forschungs- und Entwicklungskosten)
+ /- Sonstiger Ertrag/Aufwand
= Betriebsergebnis
⋮
⋮
= **Jahresüberschuss**

Abb. 7/5: Prinzipdarstellung zum Umsatzkostenverfahren

Abbildung 7/5 zeigt vereinfacht das Gliederungsprinzip nach dem Umsatzkostenverfahren. Von den Umsatzerlösen werden die Herstellungskosten der verkauften Produkte abgezogen. Das Umsatzkostenverfahren zeigt als Ertrag auch nur die Umsatzerlöse der verkauften Produkte entsprechend der Philosophie der Managementerfolgsrechnung. Ein Ertrag aus dem Bestandsaufbau von Halb- und Fertigerzeugnissen kennt man im Umsatzkostenverfahren nicht. Insofern ist es auch stimmig, auf der Aufwandsseite nur die Kosten der verkauften Produkte zu berücksichtigen. Hierbei handelt es sich jedoch um Herstellungskosten, d.h. hierin sind Produktkosten und anteilige Strukturkosten enthalten. Die Zwischensumme, das Bruttoergebnis vom Umsatz, mutet wie ein Deckungsbeitrag an – ist es aber nicht. Proportionalisierte Strukturkosten sind bereits abgezogen. Beide Zeilen – im englisch-amerikanischen Sprachraum die so genannten »Cost of Goods sold« (COGS) und der »Gross Profit« – sind für externe Stakeholders von großer Bedeutung. Denn mit der »Gross Margin« als Prozentsatz des »Gross Profit« von den »Sales« wird die Attraktivität des Unternehmens bzw. ganzer Branchen beurteilt.

Im Weiteren ist das Umsatzkostenverfahren auch dadurch gekennzeichnet, dass die Kosten nach Funktionen bzw. Verantwortlichkeiten gegliedert sind. Die vorgeschriebene Trennung in Vertriebs- und Verwaltungskosten sowie das Wahlrecht, Forschungs- und Entwicklungskosten separat auszuweisen, verleiht dem Umsatzkostenverfahren zusätzliche betriebswirtschaftliche Relevanz. Denkt man sich neben die Gliederung des Umsatzkostenverfahrens die Struktur der Managementerfolgsrechnung, so fällt einem die Ähnlichkeit direkt auf. Allein die Optik lässt die These zu, dass durch das Vordringen der IFRS eine Annäherung von internem und externem Rechnungswesen festzustellen ist. Genauer gesagt, nähert sich die externe an die interne Rechnungslegung an. Doch es ist nicht allein die Optik!

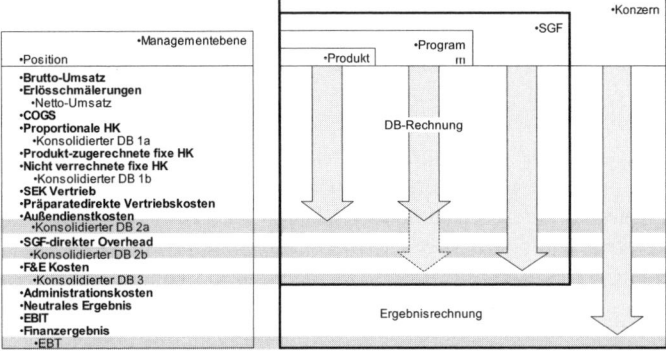

Abb. 7/6: Integrierte Erfolgsrechnung

Die obige Abbildung zeigt wie in einem internationalen und börsennotierten Pharmaunternehmen die **Integration von Umsatzkostenverfahren und Managementerfolgsrechnung** systematisch umgesetzt wurde. Die Information über die proportionalen Herstellungskosten (= Produktkosten) sind zur Artikelbeurteilung unverzichtbar. Eine »Harmonisierung« – wovon häufiger im Zusammenhang mit IFRS die Rede ist – würde ein Gleichschalten dieser Zeile mit der externen Logik bedeuten. Es würden nur noch die vollen Herstellungskosten ausgewiesen, die Deckungsbeitragsinformationen gingen verloren.

Hier ist man den Weg der Integration dieser beiden Rechnungs-
wesenwelten gegangen. So entsteht durch den Abzug der proportionalen Herstellungskosten der Deckungsbeitrag 1a. Er ist
der klassische Deckungsbeitrag zur Sortimentssteuerung). Die
»produktzugerechneten fixen« Herstellungskosten (= anteilige
Strukturkosten) sowie »nicht verrechnete fixe« Herstellungskosten (positive bzw. negative Beschäftigungsabweichungen)
werden vom DB 1a abgezogen, wodurch sich eine zweite Zwischensumme – der Deckungsbeitrag 1b (DB 1b) – bildet. Dieser entspricht dem Gross Profit und wird auf Gesellschafts- und
Konzernebene konsolidiert und berichtet. So wird der externen
Rechnungslegung genüge getan.

Auch die unterhalb des DB 1b geführten vertriebsnahen Einzelkosten lassen sich reibungslos in die Gliederung des Umsatzkostenverfahrens überführen. Die vorgeschriebene Trennung von
Vertriebs- und Verwaltungskosten ist in der Deckungsbeitragsrechnung bereits elegant vorbereitet. An dieser Darstellung wird
zweierlei exemplarisch deutlich: Durch IFRS wird einerseits eine
integrierte Steuerung möglich. Deckungsbeitragsinformationen
bleiben erhalten und münden nahtlos in die von externen Sta-
keholdern gewünschten Informationen. Andererseits wird der
Controllerbereich immer mehr zum Informationsdienstleister
für die externe Rechnungslegung. Ohne die Information aus der
Kalkulation und der Kostenstellenrechnung ist eine Berichter-
stattung nach dem Umsatzkostenverfahren nicht möglich. Controller werden zu Brückenbauern zwischen internem und externem Rechnungswesen.

Integration der Teilpläne im Budgetsystem

Die Planung des Managementerfolgs, oder einfach gesprochen
der Gewinnplan, ist nur ein – wenn auch der zentrale – Teilplan
innerhalb des gesamten Budgetierungsprozesses des Unternehmens. So gibt es eine ganze Reihe weiterer Teilpläne, die untereinander und mit dem Gewinnplan in wechselseitigen Zusam-

Bausteine im System der operativen Planung

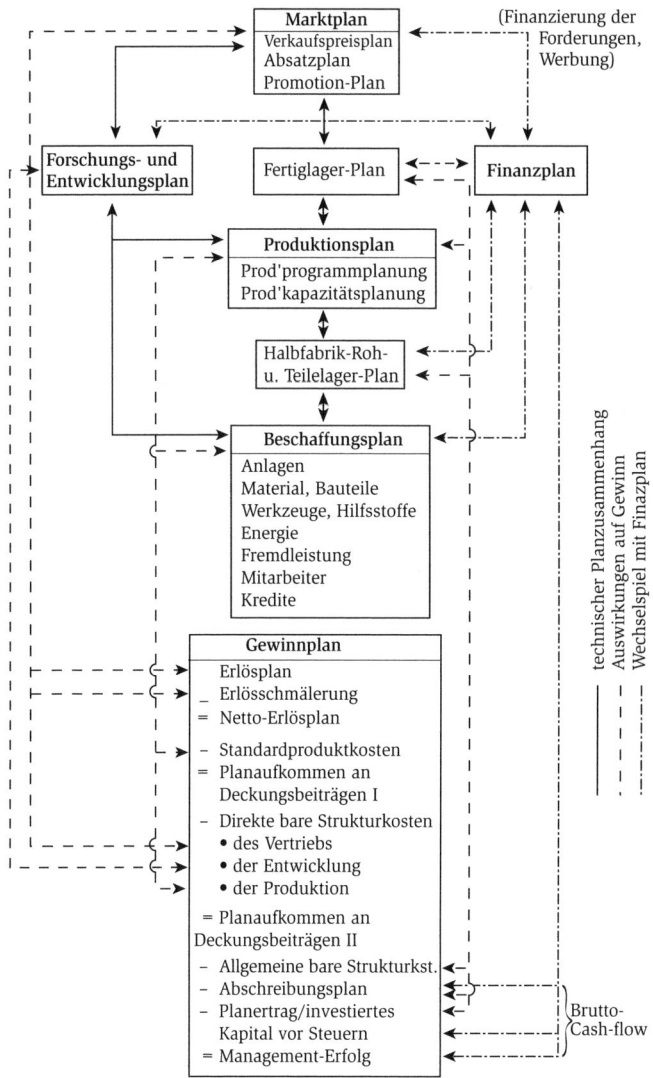

Abb. 7/7: Abhängigkeiten zwischen den Teilplänen

195

menhängen stehen. In der nächsten Abbildung zeigt sich eine solche Vernetzung der wichtigsten Planungsbausteine.

So ist der Gewinnplan einerseits mit dem Finanzplan gekoppelt. Während im Gewinnplan bereits der fakturierte Netto-Erlös erscheint, berücksichtigt der Finanzplan dazu noch die Höhe der Kundenaußenstände. Der Gewinnplan enthält innerhalb der Vertriebskosten auch die Werbe-Etats; aber der Finanzplan berücksichtigt außerdem den Umstand, dass die Einführungswerbung für neue Erzeugnisse erst einmal vorausfinanziert werden muss. Der Gewinnplan fordert für die durch Investitionen jährlich bedingten Strukturkosten ein Deckungsziel. Der Finanzplan muss aber darüber hinaus sicherstellen, dass die Anschaffungskosten von Investitionsobjekten finanziert werden können. Der Gewinnplan liefert an den Finanzplan den Cash Flow ab, d.h. jenen Teil der Deckungsbeiträge, der nicht durch bar zu zahlende Strukturkosten gebunden ist.

Andererseits verknüpft die operative Gesamtplanung den Gewinnplan mit einer integrierten Planung des technischen Mengengerüsts. So enthielt der Gewinnplan ursprünglich den in der Standardkalkulation ermittelten Produktkostensatz je Artikeleinheit, damit die Deckungsbeiträge als Überschüsse der Netto-Erlöse über die Produktkosten errechnet und verkaufsstrategische Verbesserungen innerhalb des Aufbaus der Planung mit Hilfe der Deckungsbeiträge durchgespielt werden konnten. Die technische Planung operiert darüber hinaus mit den Mengengerüsten, die in der Struktur der Standardkalkulation eingebettet ist. So besteht die Kalkulation der Produktkosten/Proko aus der Rezeptur für Rohstoffe und Halbfabrikate bzw. aus der Stückliste für Fertigungsmaterial und Bauteile sowie zum anderen aus dem Operationenplan und den Belegungszeiten. Löst man die Rezepturen und Stücklisten in ihre Bestandteile auf, so ergibt sich – multipliziert mit den zu verkaufenden Stückzahlen, korrigiert um Lagerbestandsveränderungen – der Materialbedarf nach Materialarten und -mengen. Andererseits führt die Auflösung der Operationenpläne über die Kostenstellen und Belegungszeiten

– mit den zu produzierenden Stückzahlen multipliziert – zum Kapazitätsbedarf in Stunden.

Daraus leitet sich wieder, soweit die maschinellen Kapazitäten nach Quantität und Qualität nicht ausreichen, der Beschaffungsplan für Investitionsgüter ab sowie über die Bedienungsverhältnisse der Beschaffungsplan für Mitarbeiter in der Produktion.

Alle Pläne werden regiert und beeinflussen ihrerseits den Forschungs- und Entwicklungsplan. Für den Marktplan folgen aus dem Forschungs- und Entwicklungsbereich neue Erzeugnisse und neue Problemlösungen für die Kunden (umgekehrt geben die Kunden Anregungen oder sogar Aufträge für neue Ideen). Die Produktionsplanung wird von seitens Forschung und Entwicklung mit neuen Verfahrenstechniken unterstützt (umgekehrt geben Produktionsprobleme Aufgabenstellungen für Entwicklung und Versuchswerkstatt). Neue konstruktive Lösungen bedingen neue Anforderungen an die Beschaffungsplanung sowohl bei Mitarbeitern wie bei Materialien (umgekehrt geben z.B. die Lieferanten mit neuen Werkstoffen Anstöße für Forschung und Entwicklung). Forschung und Entwicklung wirkt auf die Lager ein – durch Konstruktionsveränderungen werden Teile auf Lager wertlos – und genauso sollte von der Lagerplanung her eine Rückkopplung auf die Entwicklung erfolgen, die eine Änderung solange zurückstellen soll, bis wertvolle Materialien und Bauteile vollends verbraucht sind.

Jeder Pfeil hat zwei Spitzen, weil jeder Plan teilweise eine Folge anderer Pläne ist und gleichzeitig seinerseits auf die anderen Pläne zurückwirkt. Besonders deutlich ist das auch bei den Zusammenhängen zwischen Finanz- und Lagerplanung. Lager fordern einen zusätzlichen Finanzbedarf. Umgekehrt limitiert der finanzielle Spielraum das Ausmaß der Lagerung und zwingt die Absatz- und Produktionsplanung, sich noch stärker aufeinander einzuregulieren.

Controller werden in der Regel als die Planungsminister im Unternehmen gesehen. Sie tragen nicht nur die Verantwortung dafür, dass Planung stattfindet, sondern auch dafür, dass der Planungsablauf reibungslos funktioniert. Da Controller zu Recht von den Managern eine zielführende Planung einfordern, müssen sie ihren eigenen Prozess auch überzeugend planen. Dies ist gut für die Vorbildfunktion und sorgt auch für Glaubwürdigkeit.

Um die Koordination der Teilpläne zu gewährleisten, braucht es zu allererst das in der vorhergehenden Abbildung 7/7 beispielhaft geschilderte Verständnis der planungstechnischen, betriebs- und finanzwirtschaftlichen Wechselwirkungen zwischen den Teilplänen.

Es braucht darüber hinaus eine klare Zuordnung der Verantwortlichkeiten für die Erstellung der Teilpläne und Zusammenführung dieser Teilpläne zu einem Gesamtplan. Instrumente dafür sind wie im 8. Kapitel näher erläutert der Planungsfahrplan und Planungskalender.

Wie die Teilpläne eines integrierten Budgetsystems miteinander verknüpft sind, veranschaulicht auch das in Abbildung 7/8 folgende Muster für eine Unternehmensplanung. Links senkrecht sind hauptsächlich die Prozessfunktionen angeordnet, während nach rechts die Servicebereiche untergebracht sind.

In Ergänzung zum Schema der vorherigen Abbildung trennt sich hier der Marktplan zwischen dem Auftragseingang, dem Auftragsbestand und dem fakturierten Umsatz (Rechnungsausgang). Aus der Auftragsbestandsplanung ergibt sich eventuell in Form der Anzahlungen ein Input in den Finanzplan. Die Personalbedarfsplanung für Vertriebsmitarbeiter ergibt sich aus der Auftragseingangsplanung, während die Rechnungsausgangsplanung Mitarbeiter, Investitionen und Kosten im Verwaltungsbereich nötig macht (Buchhaltung, Fakturierung). Auch in diesem Schema hat jeder Verbindungspfeil zwei Richtungen, weil

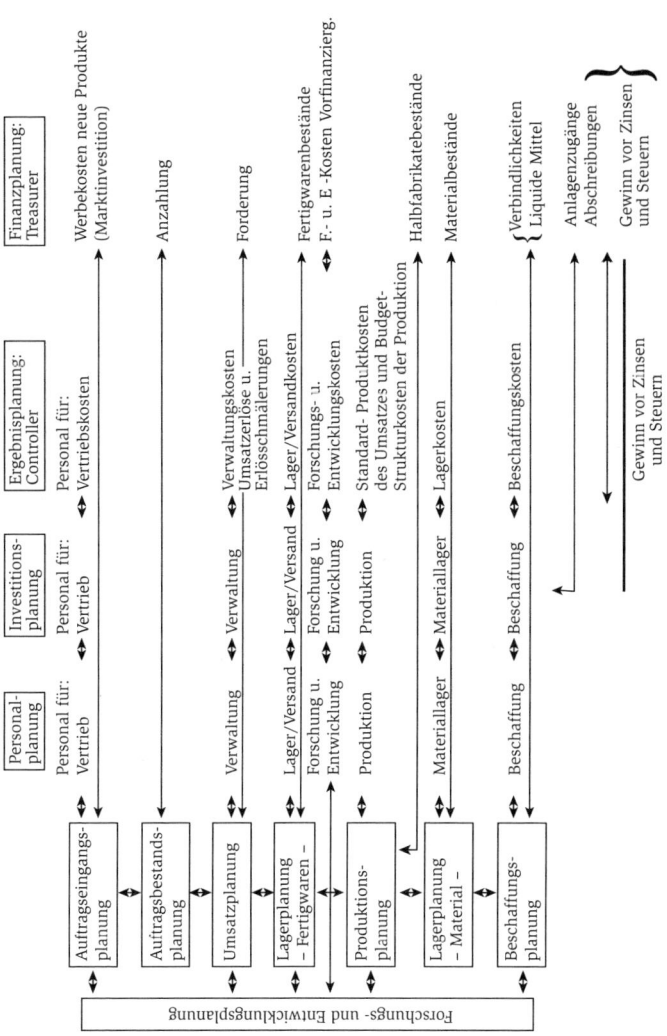

Abb. 7/8: Zusammenhänge zwischen den Teilplänen der operativen Planung

zwischen den Teilplänen jeweils Rückkopplungsprozesse eine Rolle spielen.

Aus dem Gewinnplan zweigt in den Finanzplan wieder wie schon in Abbildung 7/7 der Brutto Cash Flow, der innerhalb des Treasurer-Bereichs über die Planung der Fremdkapitalzinsen, Ertragsteuern und Ausschüttungen noch zum Netto Cash Flow umzuformen ist.

Leitlinien zur Budgetierung

Die operative Planung bindet zum Teil nicht unerhebliche Ressourcen im Unternehmen. Darüber ist ja gerade in letzter Zeit eine generelle Diskussion über die Sinnhaftigkeit der »klassischen Budgetierung« entbrannt (siehe dazu der letzte Abschnitt dieses Kapitels). Anstatt das Budget generell in Frage zu stellen, empfehlen wir den Planungsprozess im Sinne eines »Better« (oder »Advanced«) Budgeting systematisch zu verbessern.

Hierzu gehört u.a. die Erstellung verbindlicher Leit- oder Richtlinien zur Budgetierung, die allen Beteiligten einen Korridor für die anstehende operative Planung vorgeben. Ressourcenverschwendung im Rahmen der Planung ist oftmals eine Folge mangelnder Kommunikation und Koordination. Insofern dürfte hier vor allem der zentrale Controller-Service angesprochen sein, solche Defizite zu beheben.

Bei der Erstellung von Budget-Leitlinien treten vor allem zwei grundsätzliche Fragen auf:

- a) Was gehört in eine Budget-Leitlinie?
- b) Wie wird die Budget-Leitlinie kommuniziert?

Zu a)
In einer Budget-Leitlinie sind alle Punkte zu regeln, die im Unternehmen (Konzern) einheitlich und für alle verbindlich in der Planung berücksichtigt werden sollen. Hierzu gehören u.a.

Aussagen zur Planungsphilosophie, zum Zweck und Nutzen der Planung. Auch Aussagen mit Appellwirkung und Aufforderungscharakter können hilfreich sein. Dann gehören in eine Richtlinie sämtliche unternehmensbezogenen Angaben mit Zielcharakter. Also z.B. die ROI-Zielsetzung als Top Down-Vorgabe, Investitionsziele, Zielsetzungen im Personalbereich und gegebenenfalls wichtige finanzielle Zielkennzahlen, die es einzuhalten gilt. Um einen einheitlichen Bedingungsrahmen sicherzustellen, sind auch Angaben zu den Annahmen in Bezug auf das Unternehmensumfeld hilfreich. Wechselkursrelationen, Teuerungsraten (ggf. länderspezifisch), konjunkturelle Prognosen seien hier beispielhaft genannt.

In einer Budget-Leitlinie sind auch Aussagen zur Organisation und zu bereitstehenden Planungsinstrumenten möglich. Termine, Verantwortlichkeiten oder auch eine Controller-Hotline wären denkbar. Die Aufzählung ist nicht vollständig. Letztlich lässt sich auch nicht alles regeln. Es gilt abzuwägen, welches Maß an Ordnung einerseits und Flexibilität andererseits gewünscht ist.

Zu b)
In der Praxis sind die unterschiedlichsten Möglichkeiten der Kommunikation solcher Leitlinien anzutreffen. Unternehmensgröße und -kultur, Planungstradition, Führungsstil und vieles mehr bestimmen den Einsatz der unterschiedlichen Medien. Vom klassischen Planungsbrief bis zur Intranet Plattform reicht die Spannweite. Planungshandbücher in physischer oder digitaler Form sind beliebte Hilfsmittel. Auch das »Kick-Off-Meeting« zur Einstimmung aller Beteiligten ist eine häufig anzutreffende Form zur Kommunikation der wichtigsten Planungseckpunkte.

Als ewiges Beispiel sei hier ein Planungsbrief gezeigt, der von einem erfolgreichen Controlling-Praktiker konzipiert und von der Konzernleitung (was als generelle Empfehlung hervorzuheben ist) unterschrieben wurde.

Planungsbrief 1982 (»Ewiges Beispiel«)

Lieber Mitarbeiter im oberen und mittleren Kader,

mit diesem Brief erfolgt der Startschuss zum Aufbau des Budgets 1982. Damit unser Unternehmen nicht eine Reise ins Blaue antritt, sondern fahrplangetreu sich zu den Zielen bewegt und unterwegs bewusst gesteuert werden kann, ist jeder verantwortliche Manager im Rahmen seines Aufgabengebiets auch für sein Budget zuständig – also für die Erarbeitung der Budgetbausteine »Bottom Up«.

Bitte beachten Sie dabei die Leitlinien, die wir Ihnen in diesem Brief mitteilen und als Orientierungsrahmen an die Hand geben wollen:

1. Allgemeine Konjunkturlage

Weltweit gesehen wird sich die Wirtschaftslage nur langsam verbessern. Ein stärkerer Aufschwung ist noch nicht in Sicht und ist vor Mitte 1982 nicht zu erwarten. Wechselkursänderungen werden im nächsten Jahr das Geschäft beeinflussen.

In dieser schwer prognostizierbaren, labilen Phase ist die Berücksichtigung von erwarteten lokalen und branchen – bzw. produktspezifischen Entwicklungen wichtiger als allgemein gehaltene Wirtschaftsprognosen.

Deshalb müssen die Sparten und Zentralbereiche aufgrund ihrer besonderen Detailkenntnisse – eine eigene, realistische Grundlage für das Budget 1982 erarbeiten.

2. Zielsetzung für die Budgetierung 1982

1982 soll der finanzielle Cash Flow 80 Mio. betragen bei einem ROI von 2,5mal den landesüblichen Zinsfuß (vor Steuern).

Diese Zielsetzung ist zwar herausfordernd, erscheint aber aufgrund der in den letzten Jahren getätigten Vorleistungen realisierbar. Selbst die Erreichung dieses Cash Flow-Ziels genügt noch nicht, um die angemeldeten Investitionsvorhaben von 100 Mio.

(1982) und 100 Mio. (1983) aus eigener Kraft durchführen zu können.

Um die angestrebten 80 Mio. Cash Flow zu erarbeiten, ist neben einer Steigerung der Absatzmengen vor allem auch eine Verbesserung der Ertragsmargen notwendig.

Daneben müssen insbesondere die Fixkosten, d.h. die Kosten unserer Ablauf- und Strukturorganisation, reduziert werden, Die Sparten- und Zentralbereichsleiter sowie die Leitungen von Werken und Tochtergesellschaften haben deshalb dem Abbau von nicht mehr benötigten Diensten vermehrte Beachtung zu schenken.

3. Spezielle Richtlinien

3.1. Absatzmengen und Deckungsbeitragsmargen

Mehr Verkäufe werden vor allem bei neuen Produkten erwartet sowie in Bereichen, in denen die Kapazität ausgebaut wurde, resp. wird. Wir erwarten, dass die bei Investitionsantragstellung fixierten Ziele erreicht werden. Die Erschließung neuer geographischer Märkte sowie von neuen Einsatzgebieten ist zu forcieren.

Ebenso wichtig wie der Mehrabsatz ist die notwendige Margenverbesserung. Die Deckungsbeitragsmargen bzw. die Deckungsbeiträge pro Einheit, sind trotz Zielorientierung realistisch anzusetzen. Besonders bei Produkten, bei denen wir eine marktführende, resp. marktbeeinflussende Stellung haben, müssen die Ergebnisse verbessert werden.

Bei der Budgetierung der Außenbüreaux ist sicherzustellen, dass alle Mitarbeiter dieser Verkaufsstellen ihre operativen Marktziele für 1982 genau kennen und dass sie in der Lage sind, Fragen bezüglich Mengen/Preis selbst zu beantworten. Die Erstellung der Kostenbudgets wird durch ZC koordiniert und mit den Sparten und ZF besprochen. Vor allem ist auf eine möglichst kundenbezogene Auftragseingangsplanung Wert zu legen.

3.2. Rohstoffkosten

Eine Verminderung der Rohstoffkosten ist durch ein flexibleres Eingehen von Versorgungsrisiken anzustreben, d.h. vermehrt soll von günstigen Spot-Preisen Gebrauch gemacht werden, wenn auch in verstärktem Ausmaß Käufe bei nicht angestammten Lieferanten zu tätigen sind.

Obwohl es wahrscheinlich ist, dass die Rohstoffpreise weiter steigen, hat die Budgetierung auf der Basis der heutigen Werte und der bereits bekannten Entwicklungen zu erfolgen. Die Anpassung der Umsatz- und Materialkostenbudgets an die 1982 aktuellen Preise erfolgt – wie bis anhin – laufend. Das Deckungsbeitragsziel wird dabei wie budgetiert beibehalten.

3.3. Produktion

Die angestrebte Verbesserung der Rohstoff- und Energie-Nutzung muss in den dem Budget zugrunde liegenden Rezepturen zum Ausdruck kommen. Reparaturarbeiten sind auf das vernünftige Minimum zu beschränken. Soweit wie möglich sollen nur die eigenen Werkstätten und technischen Dienste eingesetzt werden.

Allokationen von Fixkosten, deren Verteilung über Umlageschlüssel erfolgt, müssen zwischen abgebender und empfangender Stelle (Kosten- und Profit Center) diskutiert werden.

3.4. Fixkosten

Im Unternehmen streben wir an, die Fixkosten gesamthaft um nicht mehr als die Hälfte der lokalen Teuerungsraten ansteigen zu lassen. Alle sind aufgefordert, nicht mehr benötigte Dienste den dafür verantwortlichen Stellen zu melden, damit die Kosten abgebaut werden können.

3.5. Forschung und Entwicklung

Der Forschung und Entwicklung kommt auch weiterhin eine große Bedeutung bei der Realisierung unserer Strategie zu. Das Gros des Forschung- und Entwicklungsbudgets ist mit konkreten Projekten zu begründen.

3.6. Personal

Der Personalstop bleibt weiterhin in Kraft. Für Lohn- und Gehaltserhöhungen ist von einem Ausgleich der von Land zu Land unterschiedlichen Teuerung auszugehen.

3.7. Investitionen

Investitionen sind, soweit wie nur möglich, auf den Produktionssektor zu beschränken. Infrastrukturprojekte sind nur bei zwingenden gesetzlichen Vorschriften ins Budget aufzunehmen.

Alle größeren Investitionsvorhaben sind vermehrt auf ihre Strategie-Konformität zu prüfen. Besonders genau ist die Frage der Marktchancen und der Inbetriebnahmeprobleme zu untersuchen.

Für strategisch entscheidende und wirtschaftlich interessante (Payback 3 Jahre, interner Zinsfuß vor Ertragsteuern 30%) Projekte sind Mittel vorhanden.

3.8. Umlaufvermögen

Wir streben durch eine bessere monatliche Kontrolle die Reduktion des Umlaufvermögens und damit des Zinsaufwands an. Zu diesem Zweck ist eine klare Zuteilung der Verantwortung notwendig. Zentralbereich Controller erarbeitet in Koordination mit Sparten und zentralen Abteilungen Vorschläge betreffend:

– Verantwortung
– 1982 anzustrebende Ziele im Bereich Lager, Debitoren, Kreditoren etc.

In den Planbilanzen und Planmittelflussrechnungen 1982 sind diese Zielsetzungen zu berücksichtigen.

4. Weiteres Vorgehen

Zentralbereich Controller wird in nächster Zeit die Budgetrichtlinien mit Sparten, Werken und Gesellschaften besprechen. Die Budgets werden in der Zeit vom 4.–13. November mit der Geschäftsleitung besprochen.

*Zentralbereich Controller koordiniert diese Budgetbespre-
chungen in zweckdienlicher Art und Weise (Termine, Teilnehmer, Unterlagen). Das Resultat dieser Budgetsitzungen ist in
einem Entscheidungs-Kurzprotokoll festzuhalten.*

*Und dann wünschen wir uns, dass ein zielerfüllendes und
machbares Budget erarbeitet werden kann.*

1. Juli 1982

Mit freundlichen Grüßen

Konzernleitung

ROI-Baum als Schrittmacher zur Budgetoptimierung

Die operative Planung für das nächste Geschäftsjahr endet im
Idealfall mit einem im Konsens verabschiedeten Budget. Es dürfte jedoch eher die Ausnahme sein, dass die Top Down-Vorgabe
der Geschäftsleitung auf Anhieb durch den ersten Budgetentwurf der operativ Verantwortlichen erfüllt wird. Das Spannungsverhältnis zwischen dem, was aus Unternehmenssicht im Sinne
eines Gewinnbedarfs als »nötig« erachtet wird und dem, was
aus Marktsicht als »möglich« eingeschätzt wird, kann eine mehr
oder weniger große Ergebnislücke erzeugen. Herausforderung
und Erreichbarkeit stoßen aufeinander. Das muss ja nicht so heftig sein, wie im Fall der Lamina AG. Dennoch dürften Optimie-
rungen rund um das Budget zu den alljährlich wiederkehrenden
Aufgabenstellungen der operativen Planung gehören. Planungs-
verantwortliche Manager und Service leistende Controller sind
hier gleichermaßen gefordert. In ihrer Rolle als Zielfindungsbegleiter können Letztere die vermittelnde Position des Moderators
in der finalen Phase der Budgetverabschiedung einnehmen.

Hierbei bewährt sich in der Praxis ein Schrittmacher, **der das gesamte Budgetgebäude auf Verbesserungsmöglichkeiten systematisch abklopft.** Einen solchen Schrittmacher erhält man
über die bekannte ROI-Formel. Der Return on Investment (egal
in welcher Definition er verwendet wird; siehe dazu das 2. und

5. Kapitel) ist die Top-Zielkennzahl, auf die sich alle Beteiligten bei der Budgeterarbeitung konzentrieren. Wir sagen auch ganz gern »Budget kneten« dazu. Man knetet die Maßnahmen und die Zahlen – hoffentlich nicht die Menschen.

Der ROI ist zunächst, wie schon erwähnt, eine Kapitalrendite, die den Gewinn – oder besser gesagt: das Betriebsergebnis – in Relation zum investierten Kapital ausdrückt:

$$\text{ROI} = \frac{\text{»Gewinn«}}{\text{Investiertes Kapital}}$$

Rein mathematisch gesehen, lässt sich dieser Quotient im Zähler und Nenner durch den Umsatz erweitern. Hierdurch erhält man jetzt eine Aktionsformel, die einerseits die Umsatzrendite und andererseits den Kapitalumschlag ausweist:

$$\text{ROI} = \frac{\text{EBIT}}{\text{Umsatz}} \times \frac{\text{Umsatz}}{\text{Investiertes Kapital}}$$

Damit erhält man zuerst zwei zentrale Stellhebel, die in ganz unterschiedliche Richtungen der Budgetoptimierung weisen. Der erste Teil der Formel, die Umsatzrendite, bündelt alle Ansatzpunkte, die eine Optimierung des Ergebnisses zum Gegenstand haben. Der zweite Teil, der Kapitalumschlag, zeigt Verbesserungen im Management der Vermögensseite des Unternehmens. Vielleicht steht die Reihenfolge auch dafür, dass in vielen Unternehmen lange Zeit der Schwerpunkt zu sehr auf Ergebnisverbesserungsmaßnahmen – oder sollten wir Kostensenkungsprogramme sagen – gelegt und die Aktivseite der Bilanz eher vernachlässigt wurde.

Ein einfaches Zahlenbeispiel kann die Wechselwirkungen zwischen Umsatzrendite und Kapitalumschlag gut illustrieren. Die vom Verwaltungsrat der Lamina AG geforderten 15 % Return on Investment lassen sich realisieren durch eine Umsatzrendite von 7,5 % und einem Kapitalumschlag von 2. Die 15 % sind aber auch bei einer Umsatzrendite von 2,5% und einem Kapitalumschlag von 6 erreicht.

ROI	=	Umsatzrendite	x	Kapitalumschlag
a) 15%	=	7,5%	x	2
b) 15%	=	2,5%	x	6

Hinter dieser auf den ersten Blick theoretisch anmutenden Verknüpfung von Zahlen, stecken signifikante Unterschiede der verschiedenen Wirtschaftsbranchen. Ein eher margenschwaches Handelsgeschäft (z.B. der Lebensmittelhandel) braucht einen hohen Warenumschlag, um attraktive Kapitalrenditen zu erzielen. Während die anlageintensive Investitionsgüterindustrie mit Kapitalumschlagsziffern um eins (und geringer) hohe Deckungsbeiträge benötigt, um in einem vergleichbaren Bereich einer zweistelligen Kapitalrendite zu gelangen.

So wird von einem bekannten Lebensmittel-Discounter berichtet, dass ein wesentlicher Teil seiner deutlich über dem Branchendurchschnitt liegenden Kapitalrendite aus einem extrem hohen Warenumschlag resultiert. Bei einem sehr straffen, optimal auf die Kunden ausgerichteten Sortiment soll die durchschnittliche Bindung der Warenvorräte nur ca. 14 Tage betragen. Wenn man zusätzlich weiß, dass dieser Discounter seine Lieferanten nach 60 bzw. 90 Tagen bezahlt und bei seinen Kunden bis vor kurzem nur Barzahlung akzeptiert hat, dann zeigt sich hier beispielhaft, was unter vorbildlicher Renditeoptimierung verstanden werden kann. Im Übrigen wird in diesem sehr verschwiegenen Unternehmen über alle Ergebniskomponenten, aber insbesondere über das Finanzergebnis, nur spekuliert.

Will man nun ein Aktionsprogramm zur Verbesserung des Return on Investment auflegen, so sind die Komponenten Umsatzrendite und Kapitalumschlag der ROI-Formel nach dem bekannten Muster des so genannten ROI-Baums oder auch Kapitalertragsstammbaums zu zerlegen.

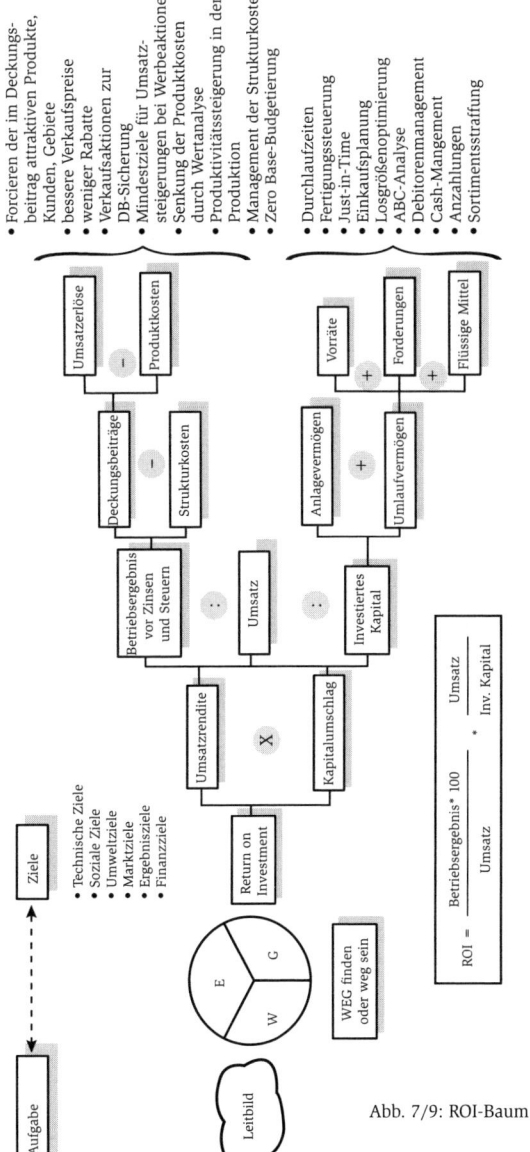

Abb. 7/9: ROI-Baum

209

Hält man jetzt das Buch im Hochformat, was ja eher typisch ist für's Buchlesen, so erkennt man jetzt mit ein wenig Phantasie einen Baum. Dieser Baum hat einen ROI-Stamm und 2 große Äste: den Ergebnisast und den Vermögensast. Beide Äste verzweigen sich weiter. Wie sie sich verzweigen, hängt ein wenig von der Struktur ab, die dafür zugrunde gelegt wird. Erstmalig hat dieses Schema Alfred P. Sloan für den amerikanischen Chemiekonzern Dupont gebaut. Deshalb wird es auch als Dupont-Schema bezeichnet.

Wir haben für den Ergebnisast die Logik der Deckungsbeitragsrechnung gewählt. Denkbar wäre aber auch das zuvor gezeigte Gliederungsschema des Umsatzkostenverfahrens anzuwenden. Auch lassen sich ohne weiteres vom ROI abgeleitete Kapitalrenditen wie der ROCE oder RONA auf die Baumstruktur übertragen.

Der ROI-Baum bietet vor allem dann eine sinnvolle Begleitung zur Budgetoptimierung, wenn das Investment, mithin die Aktivseite der Bilanz, einen knappen, zu optimierenden Faktor darstellt. Für eine ganze Reihe von Dienstleistungsunternehmen enthält die Aktivseite der Bilanz nicht den entscheidenden Engpass. Für ein Trainings- oder Beratungsunternehmen ist es eher die Anzahl der Trainer bzw. Berater. Für ein solches Unternehmen könnte man den ROI-Baum zu einem EBIT-Baum abwandeln. Die zwei großen Verzweigungen sind dann auf der einen Seite der Deckungsbeitrag I und auf der anderen die Summe der zu deckenden Strukturkosten.

So ergeben sich für den jeweiligen Unternehmenstyp markante Kennziffern. Der Deckungsbeitrag I pro Trainer bzw. Berater ist für einen Dienstleister eine ebenso wichtige Steuerungsgröße wie für ein Handelsunternehmen die durchschnittliche Marge.

In dieser Hinsicht wurden im Zug der verstärkten Wertorientierung von Unternehmen individuelle Werttreiberbäume entwickelt, um die wichtigsten Stellschrauben für die Steigerung des

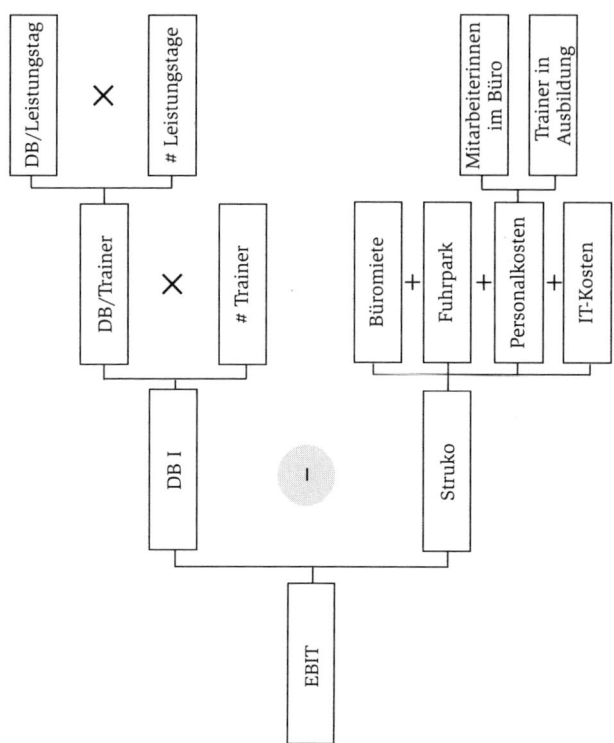

Abb. 7/10: EBIT-Baum für Dienstleister

Unternehmenswerts zu identifizieren und nachhaltig zu beeinflussen. Bekannt geworden sind hier vor allem die Arbeiten der
Boston Consulting Group, die unter der Bezeichnung »Worko-
nomic« Werttreibermodelle speziell für dienstleistungsgeprägte,
personalintensive Unternehmen entwickelten.

Allen Varianten von ROI- oder Werttreiberbäumen gemeinsam
ist das Bestreben, eine möglichst systematische Durchdringung
und Verankerung der Verbesserungspotenziale im Management

zu erreichen. Insofern eignet sich der ROI-Baum ideal als Takt-geber für die operative Planung. Es kann hilfreich sein, ihn zur Moderation von Planungskonferenzen einzusetzen. Control-ler können damit in ihrer Funktion als betriebswirtschaftliche Coaches des Managements Bewusstsein für Ergebnispotenziale schaffen. Einmal bietet sich der ROI-Baum als ideales Visualisie-rungsinstrument an. Er sorgt für Identifikation, indem er jedem Einzelnen seinen individuellen Beitrag zur Verbesserung des ROI direkt vor Augen führt. Der Verkäufer erkennt die Wirkung eines Rabatts auf den ROI ebenso unmittelbar wie ein Ingenieur die angedachte Verfahrensverbesserung.

In dem Maße, wie eine Identifikation mit den Zusammenhän-gen und Abhängigkeiten des ROI-Baums durch die Verantwort-lichkeiten gelingt und jeder seinen Platz gefunden hat, kann die Maßnahmendiskussion beginnen. So verästelt sich der ROI-Baum in der Abbildung 7/9 zum Schluss in eine Checkliste von Aktivitäten. Kommen zu guter letzt noch Verantwortliche und Termine dazu, ist der Knetprozess erfolgreich dokumentiert und das Potenzial zur Verbesserung des Kapitalertrags gesichert. Es liegt im besten Sinne des Wortes ein »Activity Based Budget« vor! Stellt man die Abbildung 7/9 auf den Kopf, so erkennt man mit sehr viel Phantasie einen »Maßnahmen-Besen«. Konsequent eingesetzt wird damit das Budget sauber gefegt und »besenrein« übergeben!

Ansatzpunkte zur Verbesserung der Budgetierung: Beyond, Better und Advanced Budgets

Etwa seit Beginn des neuen Jahrtausends begegnen einem in der Controller Praxis diese Begrifflichkeiten häufiger. Gemeinsamer Ausgangspunkt der dahinter stehenden Konzepte ist die massive Kritik, die seit jeher an den unterschiedlichsten Erscheinungs-formen der Budgetierungspraxis geübt wurde.

Beyond Budget wörtlich genommen, bedeutet »jenseits des Bud-gets«. Nimmt man das IGC-Wörterbuch zur Hand, dann ist »Budget« ein Synonym für die Planungsrechnung, also dem finalen Endpunkt der Planung. Da darf man zuerst einmal festhalten, dass es viele für das Controlling relevante Bezugspunkte gibt, die außerhalb des Budgets liegen. Budgets, so ist unser Verständnis, sind das Trägermaterial für Ziele.

Jetzt könnte das Missverständnis aufkommen, dass Beyond Budget ein Steuern ohne Ziele meint. Manch einer jubelt erleichtert: Endlich keine Planung mehr! Das wäre fatal und das ist auch nicht das Anliegen der Autoren des Beyond Budgeting Modells. Ganz im Gegenteil: Beyond Budget hat den Anspruch weit mehr zu sein als ein reines Planungstool. Es wird als Führungsmodell deklariert, welches auf Prinzipien einer besonderen Führungskultur mit »revolutionärem« Charakter beruht.

Adaptive Prozesse	**Radikale Dezentralisierung**
Relative Zielsetzung	Gemeinsamer Steuerungsrahmen
Nachlaufende Leistungsbewertung und Vergütung	Hochleistungsklima
Kontinuierliche Planung	Dezentrale Entscheidungsfreiheit
Flexibles Ressourcenmanagement	Dezentrale Verantwortlichkeit der Teams
Marktähnliche Koordination	Dezentrale Verantwortung für die Kunden
Mehrdimensionale Leistungsmessung und Kontrolle	Offene und ehrliche Informationskultur

Abb. 7/11: Die Prinzipien des Beyomd Budgeting

Die Abbildung (entnommen aus Controller Magazin 1/2006; Tschandl, M. u.a.: Missverständnis Beyond Budgeting, S. 94) zeigt die 12 Prinzipien. Sie sind vor allem auf zwei Bereiche ausgerichtet, die als elementar für eine Neuausrichtung gesehen werden. Das sind zum Ersten Managementprinzipien, die auf eine noch stärkere Dezentralisierung von Entscheidungen beruhen (»Devolution«). Zum Zweiten werden adaptive Managementprozesse gefordert, die ein marktorientiertes Agieren und laufendes Anpassen an Marktveränderungen ermöglichen. Die Prinzipien lesen sich wie die 12 Gebote des guten Managements. Wo allerdings ist nun das Revolutionäre?

Das Revolutionäre ergibt sich erst durch die Annahme (ggf. die erlebte Erfahrung oder zugrunde gelegte Empirie), dass die so genannte klassische Budgetierung gegen all diese Prinzipien verstoßen würde. Was also sind die Hauptkritikpunkte, die gegen die klassische Budgetierung vorgebracht werden?

Jack Welch, der ehemalige CEO von General Electric, gilt als einer der schärfsten Budgetkritiker: »The budget is the bane of coporate America.« Diese pauschale Kritik ist als Grundlage für einen kontinuierlichen Verbesserungsprozess (KVP) der Budgetierung nicht geeignet. So nennt Horváth drei Stoßrichtungen eines Better Budgeting: Vereinfachung, Beschleunigung und Flexibilisierung Es sind immer wieder die gleichen inhaltlichen Kritikpunkte, die gegen die so genannte klassische Budgetierung vorgebracht werden:

- Kein Bezug zum Umfeld des Unternehmens
- Kein Strategiebezug
- Zu geringe Flexibilität
- Zu große Detaillierung
- Zu kurzfristig ausgerichtet
- Zu bürokratisch
- Zu hierarchisch (autoritär)
- Misstrauenskultur und zu viel Fremdkontrolle

Wir als Verfasser haben den Eindruck, dass mit klassischer Budgetierung schlichtweg schlechte Budgetierung gemeint ist. **Wenn jedoch jemand nicht Auto fahren kann, muss es nicht zwangsläufig am Auto liegen.** Insofern neigen wir eher dazu, die Fähigkeiten des Fahrers und Beifahrers (Manager und Controller) sowie die Bedienbarkeit des Vehikels zu verbessern als das Auto ganz abzuschaffen. Dies ist ganz im Sinne eines pragmatischen »Better Budgeting«, wie es auch Horváth empfiehlt. Denn sonst besteht die Gefahr, dass man durch Abschaffen der Budgets das Kind mit dem Bade ausschüttet.

Ansatzpunkte für eine Vereinfachung, Beschleunigung und Flexibilisierung der Budgets gibt es in der Praxis genügend. Beispielhaft sei auf zentrale Punkte der hier propagierten Controlling-Philosophie verwiesen, die zugleich den Rahmen für die Trainingsinhalte der Controller Akademie darstellt.

Controlling findet vor allem durch einen kontinuierlichen Plan-Ist-Vergleich statt (siehe dazu 9. Kapitel). Aus dem Vergleich von Plan und Ist resultieren Abweichungen. Abweichungen sind das Salz in der Suppe des Controllers, denn sie bilden den Anlass für einen Lernprozess. Änderungen des Marktes und infolge dessen Plan-Ist-Abweichungen sind direkte Impulse für Plan-Korrekturen. Nicht die Erfüllung des Budgetziels ist oberste Maxime, sondern die aktualisierte Vorschau bildet die neue Grundlage für den Steuerungsprozess. Deshalb ist im 4-Fenster-Formular (vgl. 8. Kapitel) die Erwartungsrechung (= Forecast) von besonderem Gewicht. Die Erwartungsrechnung dokumentiert den aktualisierten Plan.

Seit jeher empfehlen wir, Abgrenzungen im internen Berichtswesen zu unterlassen. Im Controlling-Bericht geht es darum, das ergebniswirksame Ereignis zu zeigen. Abgrenzungen zum Zweck der Periodengerechtigkeit dienen der Harmonisierung der Ergebnisentwicklung und sind für Shareholder vielleicht hilfreich. Diskontinuitäten sind im Marktgeschehen selbstverständlich und kommen unerwartet. So gehören sie in den Bericht. Man erspart sich eine Menge Arbeit.

Eine Vereinfachung in Planung und Berichtswesen wäre zudem auch dadurch zu bewerkstelligen, dass man ein Umsetzen des Budgets in Monatsscheiben komplett unterlässt. Je hektischer es zugeht (Dynamik der Umwelt), desto weniger sind engmaschige Monatsbudgets angebracht. Die Abweichung, die man diskutiert, ist also die Differenz zwischen dem kumulierten Ist und dem Jahresziel (= Budget). Diese Abweichung ist immer in die Zukunft und auf Maßnahmen gerichtet.

Im Hinblick auf eine weitere Vereinfachung, wäre sicherlich auch über die Anzahl der nötigen Plan-Ist-Vergleiche nachzudenken. Sich von den monatlichen Intervallen zu verabschieden (insbesondere von den so genannten Flash Reports am 2. Tag des Folgemonats mit zwingenden Abgrenzungen) und in Richtung Quartalsbericht zu gehen, könnte ein erster Schritt sein. Lean Planning und Lean Reporting gehen Hand in Hand.

Die Kritik einer oftmals fehlenden Integration des Budgets mit der Strategie und dem Umfeld des Unternehmens mag zum großen Teil in der Praxis zutreffen, ist jedoch bei einer sachgerechten Organisation der Unternehmensplanung zu beseitigen (vgl. 6. Kapitel). Das Budget ist der erste Schritt zur Realisierung der Strategie. Verbindungsbrücke ist die Mehrjahresplanung. Hier befinden sich im Zweifelsfall auch die ambitionierten »strech goals«, die von Beyond Budgeting gefordert werden. Erst diese Einheit gibt dem Budget die strategische Perspektive und dadurch den Umfeldbezug. Die SWOT-Analyse ist ein zentrales Werkzeug der strategischen Planung und verbindet die Stärken und Schwächen des Unternehmens mit den Chancen und Risiken des Umfelds. Aus unserem Praxiserleben sind es häufig die Scharniere zwischen den genannten Planungselementen, die nicht funktionieren. Deshalb seien hier folgende Empfehlungen zur Anbindung des Budgets an die Strategie besonders beachtet:

1. Keine Strategieplanung ohne eine Definition der »Robusten Schritte« zur Umsetzung der Strategie. Manche sprechen auch von strategischen Projekten (vgl. strategisches Formular im 6. Kapitel). Sie sind unverzichtbare operative Anker der Strategie.
2. Strategien sind mit Hilfe der Controller in Mehrjahrespläne zu quantifizieren. Ein solcher 5-Jahresplan wird rollierend erstellt, jedes Jahr auf's Neue basierend auf ggf. veränderter Strategie. Der Mehrjahresplan ist ein Rahmenplan und enthält nicht die Details des Budgets, sorgt aber für die mittelfristige Orientierung. Das Budget ist dann der erste

Schritt der Umsetzung für das nächste Geschäftsjahr. Die Möglichkeiten flexibler Korrektur sind dann auf Basis der Abweichungen gegeben.

3. Strategiefindung und Budgetierung erfolgt mit den operativ Verantwortlichen gemeinsam. Strategie ist nicht der einsame Job des Top Managements! Die Signale vom Markt kommen von den operativ Verantwortlichen vor Ort: Hierarchisch, autoritär und bürokratisch sind Adjektive einer bestimmten Führungskultur und nicht zwangsläufig Kennzeichen von Budgets.

4. Controlling ist ein Management-Prozess, der den Dialog, die offene Informationskultur benötigt, wie der Fisch das Wasser. Strategieklausuren, Budgetkonferenzen, Forecast-Gespräche sind allesamt Beispiele für einen offenen Informationsaustausch zwischen allen Beteiligten. Controlling braucht das institutionalisierte Gespräch. Controller als Coaches mit Sozialkompetenz moderieren den im Dialog stattfindenden Ausgleich zwischen Top Down und Bottom Up.